深海探测先进装备技术系列

# 深海观测监测装备技术发展研究

丁忠军　廖煜雷　任玉刚　编著

哈爾濱工程大學出版社
Harbin Engineering University Press

## 内容简介

本书在国家科技项目的支持下，基于对现有深海观测监测装备技术基本概念的理解和认识，对国内外深海观测监测装备技术的发展信息进行了提炼与总结，并与我国深海装备技术的研发同人进行了深入交流，以期为我国深海装备技术的发展提供一些浅显的参考。本书以深海观测监测装备技术发展现状分析为主线，提出深海运载器装备技术（移动观测平台）、深海拖曳探测装备技术（半移动调查平台）、深海原位监测技术（固定观测平台）、深海精细采样系统和深海原位监测传感器技术的深海观测监测装备技术分类体系，并分别阐述了各体系的国内外装备技术的发展，以及对于未来趋势的预判，提出关于发展方向的建议。

本书可作为从事深海技术研究与应用工作的科技工作者、企业技术人员的参考用书。

**图书在版编目(CIP)数据**

深海观测监测装备技术发展研究 / 丁忠军，廖煜雷，任玉刚编著. — 哈尔滨：哈尔滨工程大学出版社，2020.12
ISBN 978-7-5661-2684-9

Ⅰ. ①深… Ⅱ. ①丁… ②廖… ③任… Ⅲ. ①深海技术-研究 Ⅳ. ①P754

中国版本图书馆 CIP 数据核字(2020)第 099026 号

**选题策划** 姜　珊
**责任编辑** 王俊一　姜　珊
**封面设计** 刘长友

---

**出版发行** 哈尔滨工程大学出版社
**社　　址** 哈尔滨市南岗区南通大街 145 号
**邮政编码** 150001
**发行电话** 0451-82519328
**传　　真** 0451-82519699
**经　　销** 新华书店
**印　　刷** 哈尔滨圣铂印刷有限公司
**开　　本** 787 mm×1 092 mm　1/16
**印　　张** 9.5
**字　　数** 252 千字
**版　　次** 2020 年 12 月第 1 版
**印　　次** 2020 年 12 月第 1 次印刷
**定　　价** 49.00 元
http://www.hrbeupress.com
E-mail:heupress@hrbeu.edu.cn

# 前　言

在广阔的海洋中,深海约占全球海域面积的49%,平均深度为3 347 m,是一个连接世界各大陆的巨大空间,拥有浩瀚的水体气候资源、海底矿产资源及丰富的生物基因资源。如何保护和利用深海,直接决定着世界各国的可持续发展,成为可持续发展的战略新疆域。由于深海通透性差、压力大、感知难等特殊的物理属性,无论是认识深海、保护深海,还是开发与利用深海,无一例外,都需要获取大范围、高质量的海洋环境数据。只有大力发展深海观测监测装备技术,才有望获取更多高质量的数据和样品,解决一系列关键的前沿科学问题,实现深海进入、深海探测、深海开发的战略目标。

目前,世界各国纷纷加大了深海装备技术的研发投入。载人潜水器、无人潜水器和水下滑翔机等系列运载装备,大深度岩心钻机、电视抓斗、瞬变电磁系统、海底磁力仪、声学深拖系统等系列深海调查装备,以及深海原位物理化学传感器等应运而生。随着材料、工艺、传感器、信息、智能控制等领域技术的不断迭代,深海观测监测装备正趋向专业化、智能化、多元化,相关技术及装备的发展日新月异。在海洋强国战略的指引下,我国的科技工作者纷纷走向海洋,走向深海。一方面,新生力量不断涌入,深海装备技术的研发工作如火如荼;另一方面,深海装备技术研发的方向又不甚明确,有必要对目前国内外发展现状进行系统地梳理,明确技术发展需求,为此作者在"鳌山科技创新计划"支持下,基于对现有深海观测监测技术基本概念的理解和认识,对国内外深海观测监测装备技术的发展进行了提炼与总结,并编纂成书。同时,与我国深海装备技术研发的同人们进行思想碰撞,以期为我国深海装备技术发展提供一些参考。

本书以分析深海观测监测装备技术发展现状为主线,提出深海运载器装备技术(移动观测平台)、深海拖曳探测装备技术(半移动调查平台)、深海原位监测技术(固定观测平台)、深海精细采样系统和深海原位监测传感器技术的深海观测监测装备技术的分类体系,并分别阐述各体系国内外装备技术的发展现状,以及对未来趋势的预判,提出关于发展方向的建议。

本书按照"少而精"原则进行精简和调整后,共分6章。其中,第1章为研究概况;第2、3章为国外发展现状与趋势、国内发展现状与趋势;第4、5、6章为面临的问题、政策保障与发展建议、研究重点方向。本书主要由国家深海基地管理中心和哈尔滨工程大学若干同志共同完成。第1章由丁忠军、任玉刚、赵庆新共同编撰;第2章由廖煜雷、张铁栋、王刚、刘峰、黄海、盛明伟、王玉甲、任玉刚共同编撰;第3、4章由廖煜雷、张铁栋、王刚、刘峰、黄海、盛明伟、王玉甲、李德威共同编撰;第5章由丁忠军、张奕共同编撰;第6章由丁忠军、任玉刚、赵庆新共同编撰。全书由丁忠军、廖煜雷、任玉刚负责统稿和定稿。

希望本书可作为从事深海技术研究与应用工作的科技工作者、企业技术人员的参考用书。由于作者认识有限,准备的尚不够充分,书中难免出现错误之处,恳请广大读者不吝指正,以便进一步修改和完善。在此,谨对有关同志的努力和付出表示衷心的感谢!

作　者

**2020年6月15日**

# 目　录

# 第1章　研究概况

## 1.1　研究背景

海洋通过其丰富的水体气候资源、海底矿产资源和生物资源支撑着世界各国和各民族的永续发展。海洋，特别是深海，蕴藏着多种自然资源，是地球上尚未被人类充分认识和开发利用的潜在战略资源基地，是21世纪海洋高新技术发展和应用的重要领域，也是新时期各国权益之争的焦点，它将影响国家安全与军事战略观。建设一个海洋科技先进、海洋经济发达、海洋生态环境健康、海洋综合国力强大的海洋强国已成为众多海洋国家的国家战略。

深海是地球科学革命的摇篮。在广阔的海洋中，深海约占全球海域面积的49%，平均深度3 347 m。深海包括海床、底土及上覆水体，是一个连接世界各大陆的巨大空间。国际上一般认为1 000 m以深海域为深海（海洋生物领域为200 m，军事领域为300 m，海洋工程与资源等领域为1 000 m）。由于深海通透性差、压力大、感知难等特殊的物理属性，人类对于深海科学的认知严重不足，这直接影响着人类对于深海的保护与利用。无论是认识深海、保护深海，还是开发与利用深海，无一例外，都需要获取大范围、高质量的海洋环境数据，这些工作都需要依赖于深海观测监测装备技术的发展。

随着深海探测技术和相关研究方法的迅猛发展，深海载人潜水器、缆控无人潜水器、无人自主潜水器、水下滑翔机等一大批水下运载装备，深海拖曳系统、深海潜标、浮标、着陆器等调查观测装备，以及海底地震仪等海底原位监测系统的系列装备被广泛应用于深海观测监测；同时，深海探测研究对象和需求也发生了变化，深海探测装备正趋向专业化、多元化和综合化。因此，有必要对深海观测监测装备技术进行内涵定义和体系化梳理。一方面，明确调研对象，实现精细化研究；另一方面，可便于构建综合调查装备技术体系，使装备体系的发展具备统一性和协调性。

## 1.2　战略需求

进入21世纪以来，世界各国纷纷走向深海大洋，大力部署“海上科技力量”，以保证各国在深海，尤其在国际海域上的权益。深海已成为各国竞相追逐的战略新疆域。由于深海环境极其复杂，人类的认知还远远不够，实现深海进入、深海探测、深海开发的目标，需要高度依赖深海装备技术的进步。开展深海观测监测装备技术发展研究，推动深海探测技术进步，在深海科学问题研究、深海环境监测保护、深海资源勘探开发等方面展现出巨大需求。

**1. 深海科学研究的需求**

海洋科学是一门以现场探测为基本要求的学科。在海洋,特别是深海领域的现场探测需要发展独特的技术和方法,海洋科学探索是发展海洋技术最初的动力。20 世纪 70 年代,由于深海探测及运载平台技术的发展,科学家发现了深海热液循环和依靠海底热液供给的化学能维持生存的深海极端生物种群。这对传统的生物学理论提出了挑战,为地球生命的起源、演化提供了新的重要线索,带来了地球科学和生命科学的重大革命。目前,人类对于海洋这一最有望支持人类可持续发展的重要区域还知之甚少,如海洋环境与全球变化、海洋与生命起源及深海环境等重大问题,都处在研究的初始阶段。而对于这些问题的研究很大程度上都依赖于海洋探测技术的发展。因此,探求海洋奥秘,剖析海洋现象,发现科学规律,推动海洋科学进步,已成为海洋探测技术发展的澎湃动力。

在《国家中长期科学和技术发展规划纲要(2006—2020 年)》中,推动海洋科学进步已作为“加快发展海洋技术”的目的之一。因此,发展深海探测与探测工程技术,特别是深海探测技术,将为我国海洋科学研究提供有效手段,同时极大地推动我国海洋科学事业的发展。

作为以海底为主要研究对象的学科,海洋地质学的根本任务在于认识海底、了解海底,并利用获得的知识来维持人类社会的生存和可持续发展,即解决陆地资源的不足、减轻地质灾害所造成的损失、保护与改善海洋环境、协调人与海洋的关系,从而保证经济与社会的可持续发展。海洋地质学的研究成果深化了人类对地球系统的认知,并转化为巨大的社会和经济效益,为人类的生存与发展做出直接贡献。

由于海洋地质学在解决许多国计民生的重大问题和全球性问题中发挥了重要作用,现已成为当今发展最快、活力最强的学科之一,而海洋地质过程及其资源、环境和灾害效应又是近年来海洋地质学发展最快的研究领域。

深海探测技术的进步极大地推动了深海地质学的研究。在未来 10 年内,先进的运载器将到达深海任何深度和地点进行现场探测。新一代深海钻探技术的大力发展,深部取样能力将显著提高,而相应国际和区域海洋探测网络的逐步实施更是推动了海洋地质学的发展。同时,深潜技术朝着全海深、谱系化方向发展。美、日、法、俄等国已经拥有了先进的水面支持母船,形成了 11 000 m 级遥控水下机器人、4 500 m 级载人潜水器、4 500 m 级自主水下机器人、6 000 m 可移动长期工作站等技术装备体系。新型深海运载和作业平台不断涌现,能力不断增强,其在深海探测中逐渐发挥重要作用,从而推动了海洋科学的深层次发展。

**2. 深海环境探测保护的需求**

深海环境探测保护对于维护深海资源可持续利用和人类社会长远发展意义重大。国际海底管理局计划将深海资源调查、勘探和开采的规章制度整合为一部统一的“采矿法典”,严格的海洋生态保护规章将是其重要组成部分。“采矿法典”要求在开采全过程中实施全面的环境探测与环境影响评价,且探测与评价技术需要定期升级。同时,2015 年“联合国大会 69 号决议”动议对“国家管辖海域外海洋生物多样性(BBNJ)”公约一揽子议题进行谈判,以期在 2018 年形成《海洋法公约》第三个具有法律约束力的文书。BBNJ 谈判的内容聚焦在深海基因资源惠益共享、深海保护区建设和深海活动环境影响评价等方面,这必将规范各国的深海活动,并对未来的海洋格局产生重要影响。深海作业平台具有的深海复杂环境下抵近勘查作业和长期原位探测实验技术的优势，使其成为今后深海环境探测保护方面不可缺少的技术手段。

**3. 深海资源勘探开发的需求**

2001年5月中国大洋协会与国际海底管理局签订了《勘探合同》，标志着中国大洋协会正式从国际海底开辟活动的先驱投资者变成国际海底资源勘探的承包者。2011年中国大洋协会在西南印度洋获得面积约为10 000 $km^2$ 的多金属硫化物合同区，2014年在东北太平洋获得面积约为3 000 $km^2$ 的富钴结壳合同区，这使我国成为世界上第一个在国际海底区域拥有“三种资源、五块矿区”的国家，新矿区申请一直是我国大洋工作的重点任务之一，因此今后新矿区申请详细勘查工作任重道远，迫切需要投入大量的深海调查平台。目前，我国已启动深海采矿试验工程，然而在大规模开采之前必须开展前期资源储量和环境监测评估等多方面的研究工作。除此之外，还有区域放弃等任务，均需要深海调查平台提供技术支撑。深海资源勘探活动对海洋装备和深海研发能力建设提出了更高的要求，亟须发展高效、安全可靠的深海调查技术装备与配套保障能力。

综上所述，深海资源勘测技术是深海科学问题研究、深海环境探测保护、深海资源勘探开发、近海岸安全的重要支撑。美国国家海洋和大气管理局（NOAA）在2012年公布了《国家海洋政策执行计划》，其中将海洋探测和海洋基础设施建设作为九大计划内容之一；美国国家科学技术委员会（NSTC）在2013年发布了《一个海洋国家的科学：海洋研究优先计划（修订版）》，同样提出将海洋基础设施建设和探测作为国家重点支持方向之一。其他国家如日本的《海洋基本法》和《海洋基本计划》、俄罗斯的《俄罗斯联邦海洋学说》、加拿大的《2011—2016年加拿大海洋探测网络战略及管理计划》、英国的《2025海洋科技计划》等都将海洋探测技术发展提上了日程。

根据1982年《联合国海洋法公约》和1994年关于执行《联合国公约》海洋法第十一部分的协定（www. isa. org. jm），目前国际海底管理局（ISA）已经签署了17个多金属结核勘探合同，7个多金属硫化物勘探合同和5个富钴结壳勘探合同。

## 1.3 调研范围与内涵

本书基于深海调查研究需要，重点开展了深海（1 000 m以深）领域范围内的观测监测装备技术发展调研。

深海观测主要是指搭载人类进入深海海底或者通过各种仪器设备直接或间接对深海，尤其是深海海底区域的物理学、化学、生物学、地质学、地貌学及其他海洋状况进行观测、采样分析和数据初步处理。通过深海观测可揭示并阐明时空分布和变换规律，为深海科学研究、深海资源开发、海洋工程建设、海洋环境保护等提供基础资料和科学依据。

所谓“监测”一词，可理解为监视、测定、监控等，既包含仪器探测，也包含肉眼监测。广义的观测监测技术包括采样技术、测试技术和数据处理技术，其是深海调查技术的重要技术支撑，一般是指利用仪器、仪表设备对深海某个或某些物质开展长序列监视、测定、监控等的技术手段。随着载人潜水器技术的发展，载人深潜已成为深海观测监测不可或缺的重要技术手段。

浙江大学陈鹰等人在海洋观测监测技术方面开展了大量研究工作,取得了众多成果。研究表明,观测技术属于监测技术的一种技术手段,观测多倾向于对采集而来的视频或图片进行肉眼识别。在深海领域,由于较多采用“视频监视+仪器测定”为一体的复合型技术手段,因此实际上深海观测监测属于同一概念范畴。根据目前行业专家的认可,本书实际将观测与监测统一纳入了监测技术范畴。因此,深海监测技术可定义为获取海洋或海底特定地区的时间序列数据的技术,其功能的实现通常是利用传感器及其平台技术,或通过多次采样分析,在一段时间内对海洋环境各量进行感知和认识。

根据陈鹰等人对于海洋观测监测的数学表达式的论述,深海监测技术可用式(1-1)定义:

$$Y(t)=F(X_1,X_2,\cdots,X_p,t) \tag{1-1}$$

其中,$Y(t)$表示监测值;$X_1,X_2,\cdots,X_p$表示各测量对象的值;$t$表示时间。

由式(1-1)可以看出,深海监测得到的是一组时间序列数据,是随时间变化而变化的一组数据。因此,监测的对象是时变的,是动态的。当监测对象是不变的,例如海底地质现象的监测,那么在式(1-1)中时间$t$就无意义了,此时式(1-1)则变成式(1-2):

$$Y=F(X_1,X_2,\cdots,X_p) \tag{1-2}$$

式(1-2)表达的是海洋探测。海洋探测是获得一组数据,与时间$t$无关,故通常用于时不变对象的监测或者资源探测、海底物体寻找等方面。

海洋监测技术的分类,主要可从以下三个维度来考虑:一是海洋监测形式;二是海洋监测方法;三是海洋监测区域。

1. 海洋监测形式

其有固定式和移动式两种,可称为定点式海洋监测技术和移动式海洋监测技术。传感器挂在浮标上的监测、基于海底原位监测站的监测是定点监测,而利用水下滑翔机携带传感器遨游海上的监测是移动监测。

2. 海洋监测方法

其有间接监测技术和直接监测技术两种。

间接监测技术,通常通过水面运载工具或潜水器,进行采样作业或离线监测作业,把样品或数据取回实验室,再进行分析处理,并获得监测结果的技术。该技术是通过样品的获得并对一些物理化学量的测量数据进行分析来获得目标结果的。

直接监测技术,通常直面对象,通过传感器件与信号传输通道,在线实时获得海洋监测数据结果的技术,例如,水下遥控潜水器把水下摄像机带到监测对象附近,将视频图像信号通过潜水器的光纤直接传到海面,可实现人类对海底各种科学现象的监测属于直接监测技术。

间接监测技术和直接监测技术最大的区别在于是否用光电复合缆(有时只是具有通信功能的缆绳)。用光电复合缆就意味着海洋监测信号可以直接获取,实现在线、实时监测,同时还意味着电能的无限供给,即监测时间的无限制,实现长期监测。

3. 海洋监测区域

其可分为海面、海水和海底三大方面。也就是说,将海洋监测技术分为海面监测技术、海洋水体监测技术(或海中监测技术)和海底监测技术。

海面监测技术,主要是关于海水与空气界面间关系的研究。这方面的工作,除了对海洋进行监测之外，还涉及海洋表面的大气部分，如海面气温、风向、风速的监测。从技术手段来看，可采用海洋遥感技术。

海洋水体监测技术，内容十分丰富，在物理上可对涌、浪、潮、流、温度、浊度、盐度等物理量进行监测与数据采集；在化学上和生物上可对海洋中的化学和生化进行监测，以及对二氧化碳、pH、DO（溶解氧）、营养盐、叶绿素、重金属、蛋白质等含量的监测与分析等。

海底监测，是近年来随着科学技术的不断发展和完善，特别是海洋技术的发展，涌现出来的"新生事物"。除了对海底开展物理、化学和生物的监测之外，还可开展对地形地貌的监测，对海底某一现象的监测，以及对地球物理方面的监测，如地震波的监测等。

综合上述海洋监测形式、海洋监测海洋监测区域定义的划分，结合深海活动任务功能性、综合性需求，本书在深海观测监测装备技术研究下进行了聚焦，主要开展深海水下观测监测装备技术调研，并将深海监测技术装备划分为水下移动监测平台，即深海运载器（又称为潜水器、潜航器和水下机器人），半移动观测监测平台（深海拖曳探测系统）、深海固定监测平台、精细取样系统和传感器仪器系统五个板块。

## 1.4 调研内容与方法

本项目调研内容涵盖了国内外深海观测监测技术的检索，获取深海观测监测技术有关的战略规划、大科学计划、海洋标准条目和内容；通过互联网技术、国内外权威专家座谈等方法，获取国内外深海观测监测领域技术的发展现状；通过专家咨询和召开大范围学术讨论会发现我国深海观测监测领域存在的问题和短板，并提出相应的措施和建议。

本项目调研方法主要有互联网技术检索、海洋探测领域相关单位调访、多学科一线专家咨询和大范围学术论文讨论等多种渠道，具体检索途径如下。

（1）百度学术 http://xueshu.baidu.com/

（2）微软搜索 https://cn.bing.com/

（3）国家科技图书文献中心 https://www.nstl.gov.cn/

（4）Springer https://link.springer.com/

（5）中国科学院文献情报中心 http://www.las.ac.cn/

（6）Web of Science https://clarivate.com/

（7）Soopat 专利检索 http://www.soopat.com/

（8）中国知网 http://www.cnki.net/

（9）伍兹霍尔海洋研究所 http://www.whoi.edu/

（10）日本海洋科学与技术中心 http://www.jamstec.go.jp

（11）希尔绍夫海洋研究所 https://ocean.ru/

（12）韩国 Kiost 研究所 http://www.kiost.ac.kr/

（13）法国 Ifremer 海洋开发研究院 https://wwz.ifremer.fr/

（14）海洋探测办公室 https://oceanexplorer.noaa.gov/

（15）美国国家海洋和大气管理局 https://www.noaa.gov/

（16）Nuytco Research http://nuytco.com/about/

（17）Marine Technology Magazine https://www.marinetechnologynews.com/

## 1.5　调研实施情况与研究成果

### 1. 调研实施情况

至2018年10月，本项目通过互联网平台搜集美、日等国公布的海洋发展计划、ISO、IHO、IEC，以及各国标委会的公开目录，其中共搜集国内外与深海综合观测与监测相关的文件19个（国外海洋原文11个，世界各国调研材料8个）。

在国际标准检索方面，ISO发布的与海洋探测相关的国际标准、技术规范和技术报告是最多且最广的。其主要集中在TC8 Ships and marine technology、TC113 Hydrometry、TC147 Water quality、TC67/SC7 Offshore structures、TC 146/SC5Meteorology等多个技术委员会或分委会发布的海洋气象、水文测量、离岸海工建筑物的建造、卫星遥感、地球物理方法应用、海洋岩土调查等方面的标准。IHO委员会在海洋探测领域检索到的国际标准主要是《海道测量规范》；IEC委员会检索到的标准主要是水听器、换能器等相关标准。

国外标准主要是从欧洲标准化委员会、美国ANSI学会、ASTM协会、德国DIN委员会和英国BSI学会等标准网站中检索获得的。

对于国内外检索的网站比较多，如百度学术、微软搜索、国家科技图书文献中心、Springer、中国科学院文献情报中心、Web of Science、Soopat专利检索、中国知网、伍兹霍尔海洋研究所、日本海洋科学与技术中心、希尔绍夫海洋研究所、韩国Kiost研究所、法国Ifremer海洋开发研究院、海洋探测办公室、美国国家海洋和大气管理局、Nuytco Research、Marine Technology Magazine等网站，均可进行检索调研。

### 2. 研究成果

项目组通过检索国内外相关战略规划、大科学计划、科技进展、海洋标准条目和内容后，分析了深海观测监测技术的发展现状，并且对比分析了技术与标准之间的差异和缺失程度，提出了深化观测监测领域体系发展的需求，进一步提出了在技术方法、探测手段、装备应用等方面的具体发展目标，构建了深海观测监测装备体系框架。通过研究，在现有的国内外深海观测监测装备技术研究与应用基础上，进行了深海观测监测装备体系的顶层设计思考，提出了构建装备体系的基本设想，同时提出了体系层次划分的基本原则，明确了体系内部的界定，使体系构建科学合理、全面成套，为深海观测监测发展描绘了基本蓝图。

调研发现，我国深海观测监测领域可能存在的问题和短板，在此基础上，提出有关措施和建议。

# 第2章　国外发展现状与趋势

海洋观测监测技术是指对海洋水体及其界面的物理、化学、生物等参量间的相互作用，并进行不同时空尺度的测量应用技术。该技术主要用于海洋动力环境、海洋生态环境，以及海洋立体环境的观测与监测，主要包括工程化的测量方法和仪器设备的使用等。因此，深海观测监测技术是人类认识海洋、了解海洋、揭示海洋规律、开发利用海洋资源的重要手段。

## 2.1　深海运载器装备技术

### 一、概述

水下运载器的发展历程，如图2.1所示。水下运载器包括载人潜水器（human occupied vehicle，HOV）、遥控潜水器（remote operated vehicles，ROV）、自主式水下机器人（autonomous underwater vehicle，AUV）和水下滑翔机（Autonomous Underwater Glider，AUG）。

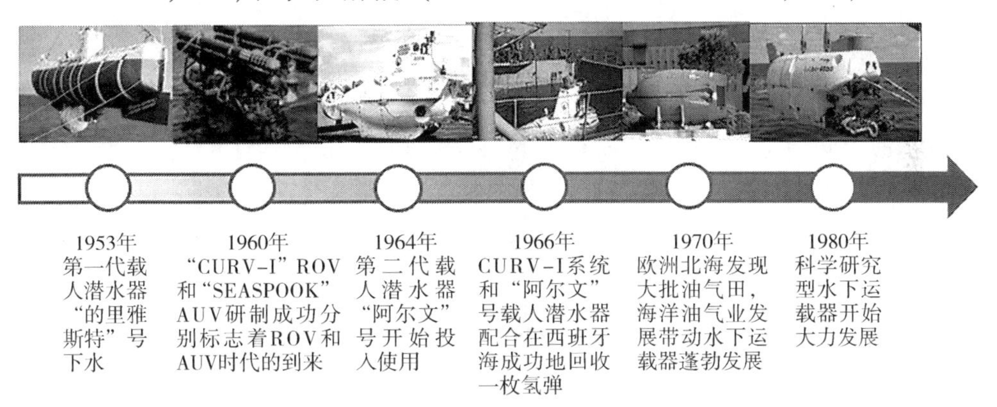


图2.1　水下运载器的发展历程

通常水下运载器发展分为3个阶段。

第1阶段为1953—1974年，主要进行潜水器的研制和早期的开发工作，其间先后研制出20多艘潜水器。

第2阶段为1974—1985年，由于海洋油气业的迅速发展，水下运载器进入一个大发展时期。截至1981年，无人遥控潜水器发展到了400余艘，其中90%以上是直接或间接为海洋石油开采业服务的。水下运载器在海洋调查、海洋石油开发、救捞等方面发挥了较大的作用。

第3阶段为1985年以后，潜水器又进入一个新的发展时期。水下运载器得到长足发展。截至1988年潜水器猛增到958艘，比1981年增加了110%。这个时期增加的潜水器多数为 ROV,大约为 800 艘,其中 420 余艘是直接为海洋石油开采业服务的。

**1. HOV**

综合性能的提升、经济性的提高是未来 HOV 在水下装备体系中占有一席之地的重要因素。为实现这些目标,应在解决全新下潜上浮模式的基础上,突破高密度能源、耐压材料、浮力材料、高精度水下导航与通信等技术难关,进一步基于人、机与整个客观环境相结合的理念,解决三者间的信息传递、加工和控制等问题,并将此理念贯穿于 HOV 的设计、研制、建造、使用全过程。

**2. ROV**

ROV 主要工作在未知、复杂或危险的水下环境,一般通过脐带或系缆由母船向 ROV 传输动力、命令和控制信号。另外,ROV 的姿态及传感器数据也通过脐带或系缆传回母船。这样 ROV 执行水下作业时,操作员可以在相对舒适的环境下工作。

**3. AUV**

AUV 是自带能源、自推进、自主控制的潜水器。母船可通过信号光缆或声、无线电或卫星等通信方式对其进行有限监督和遥控,潜水器也可将其周围环境信息、目标信息和自身状态信息等回传给母船。AUV 的研发具有技术密集度高、涉及学科面广的特点,例如涉及微电子、高速数字计算机、人工智能技术、小型导航技术、目标探测与识别技术等。

**4. AUG**

AUG 结合了自持式循环探测漂流浮标(简称 Argo 浮标)和 AUV 两种技术。AUG 的驱动力来源是通过调整自身的净浮力实现水下的升沉运动,可将其视为安装了水平翼的 Argo 浮标。在升沉过程中,改变 AUG 的重心位置,调整其俯仰姿态,在水平翼上产生的水动力的水平方向分力,即成为前向驱动力。在净浮力和前向驱动力的作用下,使其产生斜向滑翔运动,沿锯齿形轨迹航行。

**5. 水面科考船平台**

1994 年《联合国海洋法公约》生效以后,各国对大陆架以外深海大洋的竞争日趋激烈,美国等发达国家正加大对海洋立体探测等科研和开发项目的投入,这些国家在海上竞相争雄,均将建设第三代综合考察船视为发展海洋科学的一项重要措施。至 19 世纪末,世界上海洋科学考察船的数量已经超过了 500 艘。其中,美国有 105 艘,日本有 93 艘,俄罗斯有 87 艘,中国只有 19 艘。

## 二、发展现状

目前,HOV、ROV、AUV、AUG、水面科考船平台及 HOV 母船的发展现状如下。

**1. HOV**

世界上第一艘 HOV 是由西蒙·莱克于 1890 年建造的 Argonaut the First。在借鉴其研究成果后,“弗恩斯-1”号 HOV 于 1932 年建造完成。瑞士物理学家奥古斯·皮卡尔于 1948 年研制出“的里雅斯特”号 HOV,研制过程借鉴了气球设计原理,其是世界上第一艘不使用钢索就可以独立行动的 HOV,其外形如图 2.2 所示。20 世纪 60 年代以后,世界上第一艘能够行走的动力推进式 HOV 在法国诞生。

**图 2.2　“的里雅斯特”号 HOV(任玉刚,2018)**

美国是较早开展 HOV 的国家之一。“阿尔文”号 HOV 于 1964 年建造完成,其下潜深度可达 4 500 m,是世界上比较优秀的 HOV 之一,其外形如图 2.3 所示。“阿尔文”号 HOV 曾在 1985 年找到了“泰坦尼克”号沉船的残骸,并在氢弹搜寻与打捞工作中发挥了重要作用。目前“阿尔文”号是世界上下潜次数最多的 HOV,共完成近 5 000 次下潜任务(齐海滨等,2019)。为了在深海研究领域继续保持优势地位,美国经过反复论证,WHOI 做出了改造“阿尔文”号 HOV 的决定。新“阿尔文”号 HOV 已于 2013 年改造完成。该 HOV 采用了复合泡沫塑料浮力材料,安装了新的照明及成像系统,拥有 5 个观察窗,下潜深度可达 6 500 m,载人舱的尺寸增大到 2.2 m,性能相比“阿尔文”号 HOV 有了全面的提升。美国于 1968 年还建造了 6 000 m 级潜深的“海涯”号 HOV,其质量为 26 t(马常艳,2011)。

**图 2.3　“阿尔文”号 HOV(齐海滨等,2019)**

法国于 1985 年建造完成的“鹦鹉螺”号 HOV 下潜深度可达 6 000 m,其质量为 18.5 t,可搭载 3 人,水下作业时间最长可达 5 h。“鹦鹉螺”号 HOV 具有质量轻、上浮下潜速度快、能侧向移动、观察视野好、可携带一个小型 HOV 等诸多特点。其已完成多金属结核区域、深海海底生态调查及搜索沉船、有害废料等多项任务(齐海滨等,2019)。

俄罗斯是当今世界上拥有 HOV 数量最多的国家,比较有名的是 1987 年建造的“和平

1"号和"和平 2"号两艘 6 000 m 级 HOV，分别搭载 12 套检测深海环境参数和海底地貌的设备，其能源储备比较充足，水下作业时间可达 17 ~ 20 h(齐海滨等,2019)。

日本 1989 年建造完成的"深海 6500"号 HOV 下潜深度可达 6 500 m，其质量为 26 t，水下作业时间为 8 h，并且该 HOV 曾下潜到 6 527 m 深的海底，创造了 HOV 深潜的世界纪录，其外形如图 2.4 所示。

**图 2.4 "深海 6500"号 HOV(齐海滨等,2019)**

"深海 6500"号 HOV 搭载三维水声成像等先进的研究观察装置，可旋转的采样篮使操作人员可以在两个观察窗视野下进行采样作业。研究者已利用"深海 6500"号 HOV 对 6 500 m深的海洋斜坡和断层进行了调查，并将其应用于地震、海啸等研究中。日本于 2013 年启动了全海深"深海 12000"HOV 的研究计划。该 HOV 可载 6 人，有足够的存储能力来满足为期两天的任务需求，并配备有休息空间和浴室设施。同时，"深海 12000"号 HOV 配备一个玻璃载人球壳，该球壳的厚度为 5 ~ 10 cm，有着可以扩大视野的优点，如图 2.5 所示。

**图 2.5 "深海 6500"号 HOV(齐海滨等,2019)**

"DSV 极限因子"号 HOV 由美国公司 Triton Submarines 建造，长 4.6 m，高 3.7 m，可载 6 人，其外形如图 2.6 所示。该 HOV 载人球壳由 9 cm 厚的钛合金制成。经过全面测试，可达到全洋深的 120%，并获得商业认证，可进行数千次潜水。2019 年探险家维克多·维斯科沃乘坐"DSV 极限因子"号 HOV 到达了当时地球最深的马里亚纳海沟 10 927 m 深处，刷新了已保持近 60 年的世界纪录，使"DSV 极限因子"号成了第三艘潜入马里亚纳海沟底部的 HOV。

图2.6　“DSV极限因子”号HOV

Hawkes海洋技术公司于1988年便开始了Deep flight系列产品的研发，如图2.7所示。1996年Deep flight I下水，该HOV的主要技术指标为可载1人、下潜深度1 000 m。2002年水翼式Deep flight Aviator HOV研制成功，其适用于大范围海底观光、探测、研究和拍摄，该HOV的主要技术指标为可载2人、下潜深度457.5 m。Deep flight Ⅱ是全海深HOV，分为单人观察、双人观察和双人考察三种类型，因此Deep flight Ⅱ可进行海底观光，还可搭载作业工具进行海底考察活动（任玉刚等，2018）。

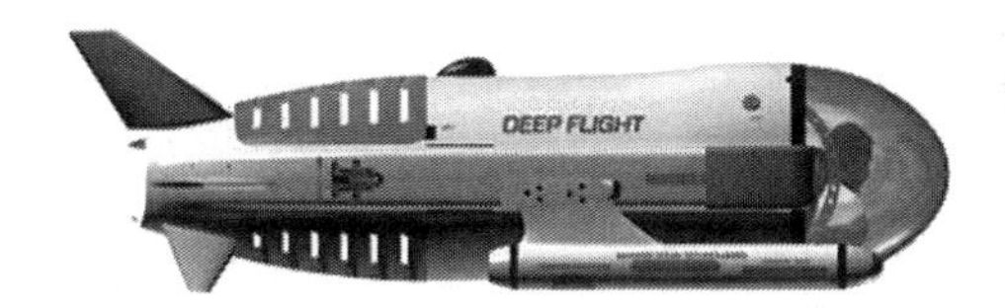



图2.7　Hawkes海洋技术公司系列产品（任玉刚，2018）

U-Boat Worx（UBW）公司拥有C-Quester和C-Explorer两大系列产品，主要用于海底观光。

C-Quester 1系列HOV最大下潜深度为1 00 m，最大水下航行速度为2 kn。该系列HOV外形与水面船舶相似，除上半球形玻璃顶外，其余部件均位于下层舱体内。其使用容量为20 kW · h的锂电池，并在HOV重心周围均匀布置了4个独立的压载水舱，其可以通过调节压载水舱实现下潜和上浮，还可以使用纵倾水箱调节HOV的纵倾。C-Quester 2 HOV质量为3.55 t球壳也可以从赤道线处打开，外部同样布置了不锈钢防护框架。C-Quester 3 HOV载人舱的下半部分为钢制球壳。

C-Explorer系列有C-Explorer 2、C-Explorer 3和C-Explorer 5三款外形如图2.8所示。该系列HOV采用双体结构，且主要用于海洋探索、海底管路监测、水下焊接和电影拍摄等方面，可根据作业要求搭载机械手臂、HD摄像机、海底地形地貌测绘仪等相应的作业工具。如有需要，该HOV还可以搭载1艘小型ROV（李志伟等，2012）。

(a) C-Explorer 2

(b) C-Explorer 3

(c) C-Explorer 5

**图 2.8 UBW 公司系列产品(李志伟,2012)**

Nuytco Research 公司拥有三十多年的水下装备设计和制造经验。其 HOV 有 Deep Worker 2000(DW 2000)和 Dual Deep Worker 2000(DDW 2000)等型号,如图 2.9 所示。1999 年,两艘 DW 2000 应用于 Nuytco Research 公司与美国国家航空航天局(NASA)的合作项目,

并于2000年成功回收了航天飞机的发射火箭。DW 2000 HOV 的最大下潜深度为610 m，质量为1.75 t，可载1人。HOV 尾部配有两台0.735 kW的主推力器，两侧各配有一台带倾角的0.735 kW的垂向推力器，使得两侧的推力器既可以控制HOV的垂向运动，又可以控制其水平运动。该HOV能源动力为铅酸电池，水下航行速度为3 kn，续航时间为6~8 h，最大生命支持时间是80 h。

(a) DW 2000 HOV

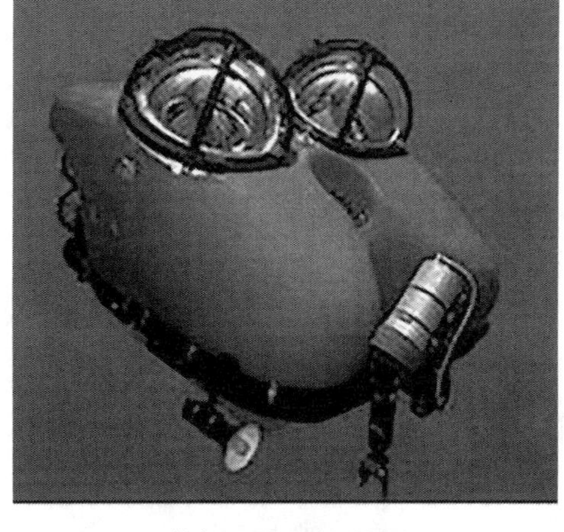

(b) DDW 2000 HOV

**图2.9 Nuytco Research 公司系列产品**

DDW 2000 HOV 于2003年建成，最大下潜深度为610 m，质量为2.7 t，可载2人，有效载荷为2 136 N，长为2.1 m，宽和高均为2 m。DDW 2000 HOV 最大的特点是首次采用了并排的载人舱布置方式。其在能源动力、推进器、生命支持和可选作业设备等方面与DW 2000完全相同，这里不再重复(李志伟等，2012)。

从1995年开始，SEAmagine Hydrospace(SH)公司开始进入水下装备设计与制造领域。目前该公司主要产品有Ocean Pearl(OP)和Triumph(TR)等型号HOV。OP型是一款双人HOV，该HOV质量为3.2 t，最大下潜深度为153 m；TR型HOV可载3人，适于配备各类作业工具进行水下作业，该HOV质量为6.8 t，最大下潜深度为457 m，如图2.10所示。为了满足用户对于HOV下潜深度的需求，OP型和TR型的HOV最大下潜深度均可升至914 m，其在设计理念、下潜上浮方式及吊放回收方式等方面完全相同。

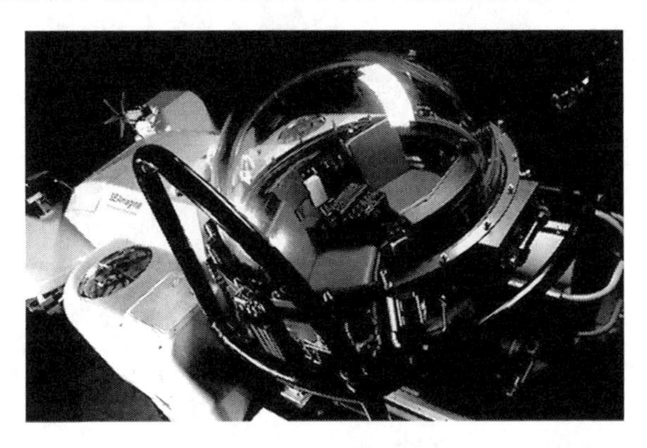

**图2.10 TR型HOV**

SH 公司生产的 HOV 有着特别的优势。其载人舱的材料均选用有机玻璃,这可以为乘员提供 360°的全景视野,非常适合海底观光。同时,HOV 的载人球壳可以从中部赤道线处打开,这样的设计为乘员的出入提供了方便(李志伟等,2012)。

Submarines 公司一直致力于观察型 HOV 的研制和开发,推出了 TRITON 系列轻型 HOV。其中,TRITON 650 HOV 是该公司最新设计的产品。TRITON 650 HOV 质量约为 2.7 t,作业深度为 200 m,可以安装在豪华游船上。其水下视野良好,乘员在舱室中可以保持正常坐姿,并且可以通过透明的半球形耐压壳体观察周围水下情况,其双体设计也使得水面稳性优异并具有充裕的干舷(李志伟等,2012)。

OceanGate 公司成立于 2009 年,其在 2013 年开始了 Cyclops 的研究计划。该计划包括 Cyclops 1 和 Cyclops 2 HOV 的研制,如图 2.11 所示。Cyclops 的船体均采用碳纤维材料。Cyclops 1 下潜深度为 500 m,可载 5 人,续航时间为 8 h,生命支持时间为 72 h,其主要用于海底观光、拍摄等;Cyclops 2 在 Cyclops 1 的基础上增加了下潜深度,可达 500 m,在其他数据上与 Cyclops 1 完全相同(任玉刚等,2018)。

(a) Cyclops 1 HOV

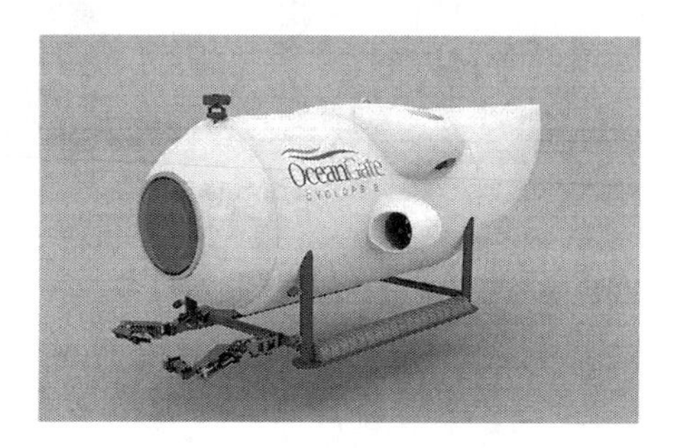


(b) Cyclops 2 HOV

**图 2.11 OceanGate 公司产品**

Doermarine 公司制造了 OE HOV,下潜深度为 1 000 m,主要用于水下观察、搜寻等。西班牙 ICTINEU 公司制造了 ICTINEU - 3 HOV,下潜深度为 1 200 m,主要用于水下拍摄和休闲,也可进行简单的水下作业。

**2. ROV**

早在 20 世纪 50 年代,几名美国人对海底世界的景象充满好奇,于是他们将摄像机密封起来送到了海底,第一代浮游式 ROV 的雏形就这样产生了。美国于 1960 年成功制造了世界第一个真正意义上的 ROV - CURV。它在西班牙外海找到了一颗失落在海底的氢弹,这件事在全世界引起了巨大的轰动,ROV 技术自此开始引起人们的重视(夏玉玺,2008)。

"RCV - 125"是世界上第一个商业化 ROV,于 1975 年建造完成。该 ROV 是一种观察型潜水器,外观像一个球,所以又称作"眼球"。"眼球"首先在北海油田和墨西哥湾被应用。自此之后,ROV 的发展更加迅速,20 世纪 70 年代发生的石油危机促进了海洋石油产业的发展,同时也促进 ROV 技术快速发展,并且开始形成了 ROV 工业(张宏伟,2007)。

目前,ROV 的型号已经达到近百种,全世界近 300 多家厂商提供各种 ROV、ROV 零部件,以及 ROV 服务。现代 ROV 可从以下几个方面进行分类:类型、潜深、动力和驱动方式,如表 2.1 所示。

表2.1　ROV的分类

| 类型 | 潜深 | 动力 | 驱动方式 |
| --- | --- | --- | --- |
| 小型(低成本) | 监测(<100 m) | 小于5马力① | 全电 |
| 小型 | 监测(<300 m) | 小于10马力 | 全电 |
| 大型 | 监测/轻工作(<3 000 m) | 小于20马力 | 全电 |
| 超深度 | 监测/数据采集(>3 000 m) | 小于25马力 | 电-液 |
| 中型 | 轻/中等强度工作(<2 000 m) | 小于100马力 | 全电 |
| 大型 | 大强度工作/大负载(<3 000 m) | 小于300马力 | 全电 |
| 超深度 | 大强度工作/大负载(>3 000 m) | 小于120马力 | 电-液 |

图2.12是美国遥控潜水器公司最新开发的VedioRay ROV,该ROV航行速度为4.2 kn,有2个摄像机,下潜深度为305 m,质量为4.5 kg(玉啸,2014)。

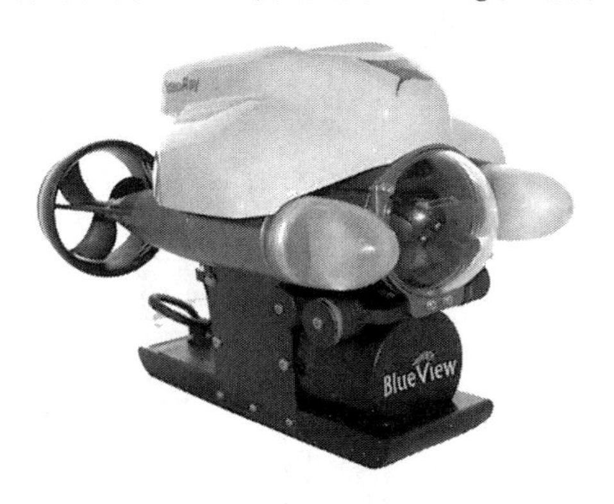


图2.12　VedioRay ROV(玉啸,2014)

加拿大Seamor Marine公司开发的SEAMOR 300F ROV,如图2.13所示。该ROV航行速度为3 kn,质量为20 kg,主尺度长为355 mm、高为472 mm、宽为355 mm,下潜深度为300 m,该ROV配有1个摄像机和2个50 W的大灯。同时该ROV可以选择性地安装1个机械手臂、测厚仪等作业设备,其机械手像一个夹子,仅可实现简单的抓握操作(朱大其等,2012)。

图2.13　SEAMOR 300F ROV(朱大其等,2012)

① 1马力=735.49875 W。

法国 ECA 公司是著名的机器人和自动化系统公司。该公司生产的 H800 ROV 是目前比较先进的观察级 ROV,如图 2.14 所示。该 ROV 包括 4 个水平(矢量)推进器和 2 个垂直推进器,具备自动定向和自动定深功能,同时可以搭载提举能力为 10 kg的机械手臂、USBL 和多波束声呐(Anonymous,2014)。

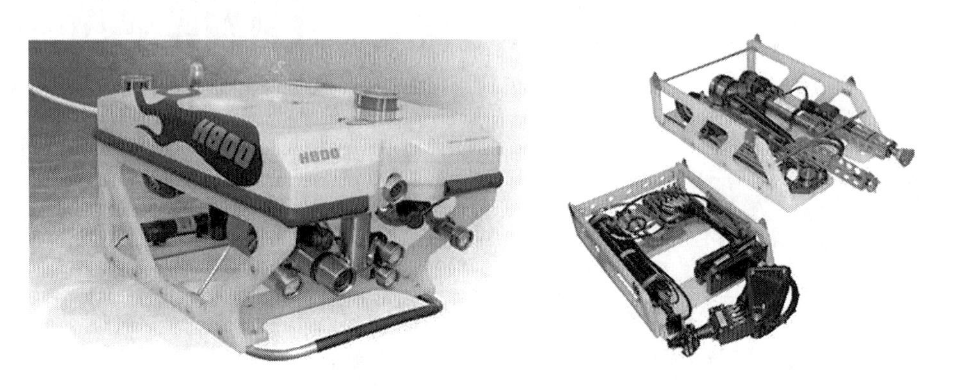


**图 2.14 H800 ROV(Anonymous,2014)**

Global Explorer ROV 是 Deep sea 的一款全电驱动的轻型工作级 ROV,如图 2.15 所示。该 ROV 的主尺度长为 1 219 mm、高为 2 790 mm、宽为 1 600 mm,下潜深度为 3 000 m,质量为 1 451 kg,可负载 90 kg。该 ROV 搭载 1 个 10 倍和 2 个 3.8 倍的高清晰度电视,1 个数字照相机,2 个广角彩色电视,1 个 Blueview 多波束成像声呐(130°视场,768 波束,15°/束),Kongsberg 360°扫描声呐,深度计,高度计,Gyro,1 个 7 功能 Orion 机械手臂,为科考配备 12 个位置旋转吸取的采样器。

**图 2.15 Global Explorer ROV(Anonymous,2014)**

"海沟"号 ROV 是日本海洋技术研究所研制开发的世界上下潜深度最大的 ROV 之一,如图 2.16 所示。1995 年,该 ROV 下潜到了马里亚纳海沟的最深处——10 911.4 m。2003 年 6 月,该 ROV 在太平洋水域采集细菌生物时失踪(王啸,2014)。

图 2.16　“海沟”号 ROV(王啸,2014)

美国在 2007 年研制的混合型潜水器 Nereus 是一种集 AUV 和 ROV 技术特点于一身的新概念潜水器(ARV),如图 2.17 所示。它自带能源并携带光纤微缆,既可以作为 AUV 使用,进行大范围的水下调查,也可以作为 ROV 使用,进行小范围精确调查和作业。与传统的 AUV 相比,Nereus ARV 可以携带机械手臂,加强了作业能力;与传统的 ROV 相比,Nereus ARV 将作业范围从几百米扩展到几十千米。因此,Nereus ARV 可在大范围、大深度和复杂海洋环境下进行海洋科学研究和深海资源调查,具有广泛的应用前景。Nereus ARV 在自主探测时使用 18 kW · h的可充电电池,下潜深度为 6 500 m。在遥控探测时下潜到了海底 11 000 m深处,打破了日本海洋技术研究所研制开发的“海沟”号遥控潜水器(该 ARV 携带 1 对采集海底样品的机械手臂)在 1995 年创下了深度为 10 911.4 m的纪录(Anonymous,2013)。

图 2.17　混合型潜水器 Nereus ARV

目前世界上最先进的全电力驱动工作级 ROV 是美国的 MAX Rover,如图 2.18 所示。其下潜深度为 3 000 m,配有 2 只机械手,质量为 795 kg,推进器的纵向推力为 173 kN,垂向推力为 34 kN,横向推力为 39 kN,垂向航行速度为 3 kn,垂向航行速度为 1 kn,横向航行速度为 1.5 kn(江晋剑,2005)。

图 2.18 MAX Rover ROV

Oceaneering's Magnum ROV 下潜深度为3 000 m，主要用于海洋石油工业，2 个机械手臂可以从事较重的水下作业，该 ROV 如图 2.19 所示（王啸，2014）。

图 2.19 Oceaneering's Magnum ROV

美国 SMD 公司生产的电液伺服作业级 ROV，如图 2.20 所示。其主尺度长为 2 520 mm、高为 1 500 mm、宽为 1 500 mm，可负载 150 kg，纵向航行速度为3.5 kn，横向航行速度为 2.8 kn，垂向航行速度为 2 kn。该 ROV 搭载一个具备位置反馈的 7 功能机械手臂和一个 5 功能比例控制机械手臂（迟迎，2013）。

图 2.20 电液同服作业级 ROV（迟迎，2013）

### 3. AUV

美国在 AUV 的研发方面，起步最早、研究单位最多、技术水平最成熟、产品类型最齐全，其主要研究单位有美国海军空间和海战系统中心、美国海军研究所、伍兹霍尔海洋研究所、蒙特利湾海洋研究所、金枪鱼机器人公司、麻省理工学院等。

先进无人搜索系统(advanced unmanned search system,AUSS)是由美国海军空间和海战系统中心于 1973 年开始研制,1983 年下水的用于深海目标搜索和海底目标探测的系统,如图 2.21(a)所示。该 AUSS 照相机拍摄的数字图像经过压缩后,通过水声信号实时地传给母舰,不需要 AUSS 上浮,其传回的图片,如图 2.21(b)所示。其图像信息传输数据率为 4 800 b/s,指令信息传输的数据率为 1 200 b/s。

(a) AUSS

(b) 其传回的图片

**图 2.21　AUSS 和其传回的图片**

Odyssey AUV 由美国海军研究局资助,美国麻省理工学院研制,1995 年建成,1996 年搭载水质测量仪、侧扫声呐和海流剖面仪进行了实验,如图 2.22 所示。该 AUV 主要用于海洋科学和工程实验方面的研究(李岳明,2008)。

**图 2.22　Odyssey AUV(李岳明,2008)**

2003 年由美国的海军研究局(ONR)、自主水下系统研究所(AUSI)、FSI 公司、TSI 公司和海军水下作战中心联合开发了太阳能自主潜航器(SAUV Ⅱ),如图 2.23 所示。该 AUV 下潜深度为 500 m,可上浮至水面利用太阳能充电,一次充电后能提供电能 1 500 W。其具有定深、变曲线滑翔等航行模式,可提供大范围、远距离、长时间的海洋环境调查与监测。

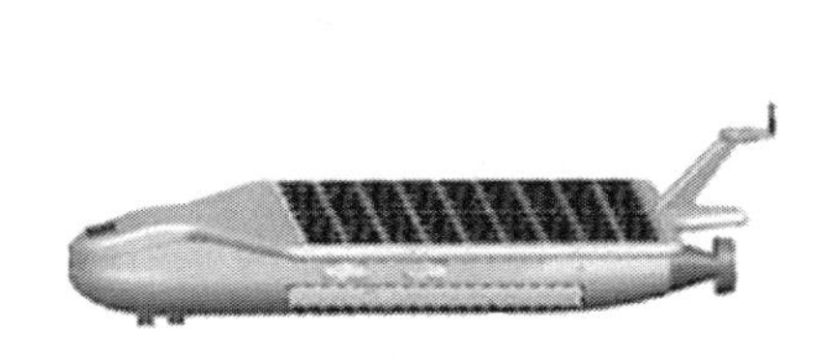

**图 2.23　SAUV Ⅱ**

美国伍兹霍尔海洋学研究所于2008年研制了全海深带缆双工型“海神”号ARV，如图2.24所示。该ARV首次采用了全海深陶瓷浮力球、全海深陶瓷耐压舱、微细光缆等诸多创新性的技术方法，于2009年完成了11 000 m级深渊区域的探测作业任务（李硕等，2018）。

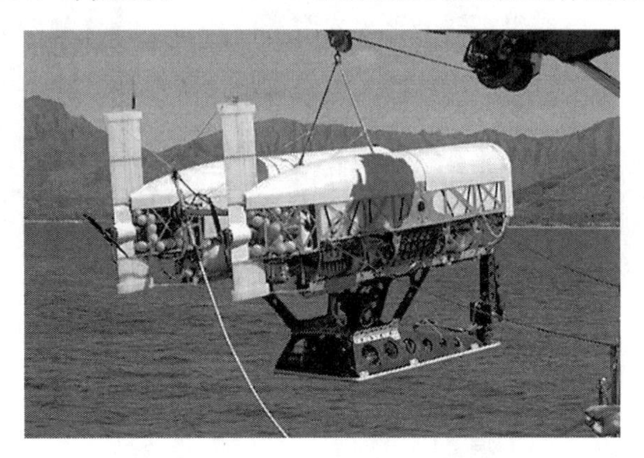

**图2.24 “海神”号ARV（李硕等，2018）**

美国伍兹霍尔海洋学研究所使用ABE（Autonomous Benthic Explorer）型AUV在过去的十余年间进行了准确的地形测绘和海底热液喷口调查，如图2.25（a）所示。ABE型AUV共完成了200余次下潜作业任务，调查距离达2 000 km，并多次配合“阿尔文”号HOV完成海底作业任务，依据ABE型AUV获得的海底地形数据，确定HOV最佳的观察作业位置。ABE的升级型号Sentry AUV是一个完全自主的AUV，下潜深度为6 000 m，其航行速度、航行距离和机动性都有所提升。Sentry AUV的流体动力学形状也使其能够更快地上浮和下潜，如图2.25（b）所示。

（a）ABE型AUV

（b）Sentry AUV

**图2.25 ABE型AUV和Sentry AUV（Christopher R，2007）**

REMUS系列AUV是由伍兹霍尔海洋学研究所下属海洋系统实验室（Oceanographic Systems Lab）开发的低成本AUV，包括REMUS 100、REMUS 600、REMUS 3000、REMUS 6000、REMUS Sharkcam及REMUS TIV等AUV，如图2.26所示。REMUS系列AUV主要负责水文调查、生物跟踪、反水雷、港口安全作业、环境测量、海上搜救、水下测绘、科学取样和渔业作业等任务（潘光等，2017）。

图2.26　REMUS系列AUV(潘光等,2017)

REMUS系列AUV早已被投入到反水雷应用中,在2003年美国对伊战争中,其就被美国海军用于乌姆盖斯尔港口航道调查任务,1个REMUS 100 AUV可相当于12～16个潜水员,且不受海水温度、水中生物等因素影响。该型AUV在10次任务中搜索了$25\times10^6$ $km^2$的水域,将潜水员可能需要21天的连续潜水作业缩短到了16 h。REMUS 600 AUV是REMUS系列AUV中功能最多样的,模块化设计使其针对特定的任务可以轻易地重新配置传感器。其任务续航近70 h,最高航行速度达5 kn,下潜深度为600 m,航行距离达286 n mile。REMUS 3000 AUV和REMUS 6000 AUV尺寸相似,以钛金属制造耐压舱体,下潜深度更深,可携带更先进的传感器进行水下测绘和成像。2010年,在对法航447失事飞机搜索任务中,REMUS 6000 AUV起到了关键作用,共搜索了6 036 $km^2$大西洋中脊区域海底,拍摄了85 000张海底照片,成功确定了黑匣子所在区域(张云海等,2015)。REMUS 6000 AUV及其拍摄的法航447残骸照片,如图2.27所示。

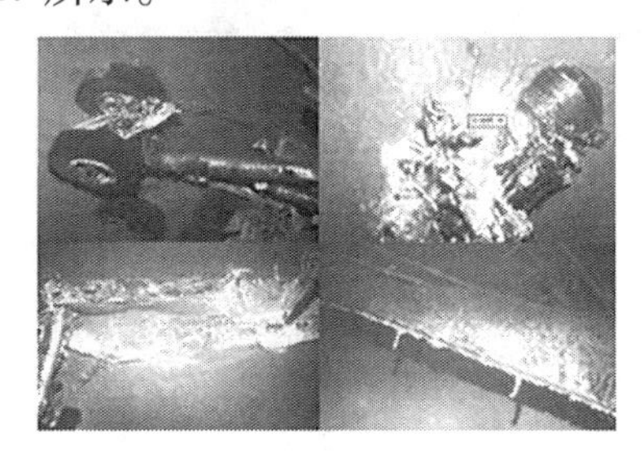

图2.27　REMU S6000 AUV及其拍摄的法航447残骸照片(张云海等,2015)

REMUS Sharkcam AUV是一款特别改装的REMUS 100 AUV,配备摄像机、导航和科考仪器,能够定位、跟踪和近距离跟随被标记的海洋动物。REMUS Sharkcam AUV及其拍摄的照片,如图2.28所示。

图2.28　REMUS Sharkcam AUV及其拍摄的照片

REMUS TIV AUV 于 2004 年建成,包含 5 个高分辨率数码相机和 4 个照明灯。曾用于检查特拉华渡槽中一段 45 mile①长的区域中寻找泄漏位置,并最终发现泄漏。执行任务过程中拍摄了大约 186 000 张数字静态照片,每张都包含遥感勘测信息,以指明照片中的确切位置并便于找到任何泄漏的位置。REMUS TIV AUV 及其作业概念图,如图 2.29 所示。

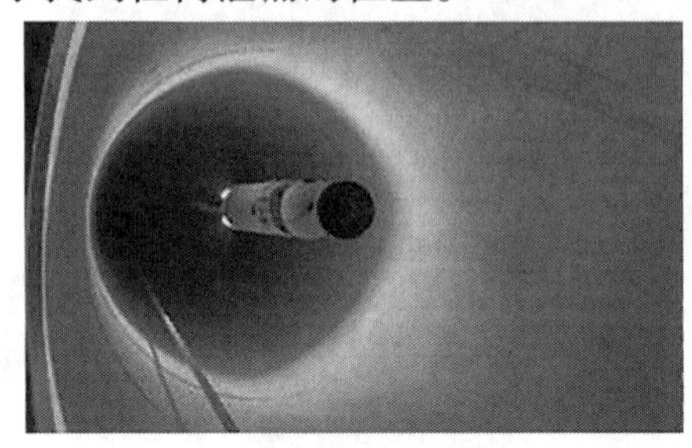

**图 2.29 REMUS TIV AUV 及其作业概念图**

美国 Nekton 研制的低成本、单一任务的微小型"巡逻兵",如图 2.30 所示。主尺度长为 0.92 m,质量为 4.5 kg,工作时长为 8.4 h,最大航行速度为 4 kn,工作范围为 30 km。该 AUV 装有温盐深、叶绿素、含氧量等传感器,主要用于海洋环境监测及多水下探测器的协调控制研究。

**图 2.30 微小型"巡逻兵"AUV**

Iver 系列 AUV 是美国 Ocean Server Technology 公司开发的低成本微小型 AUV,具有鱼雷形的外形,艇体直径为 0.15 m,长度根据搭载传感器的不同在 1.5 ~2 m,下潜深度为 100 m,质量为 20 kg左右,续航时间约为 8 h,航行速度为 1 ~4 kn,由尾部单桨和 4 个独立的舵控制艇体的运动。Iver-2 AUV,如图 2.31 所示(徐昊,2017)。

**图 2.31 Iver-2 AUV**

① 1 mile = 1.609 km。

战场准备自主式水下航行器(battlespace preparation autonomous underwater vehicle,BPAUV)是由美国海军研究所和Bluefin机器人公司共同研发的。其由2个Bluefin-21航行器和其他设备组成,简写为Bluefin-21 BPAUV。Bluefin系列航行器有Bluefin-9、Bluefin-9M、Bluefin SandShark、Bluefin-12S、Bluefin-12D、Bluefin-21(黄红飞,2011)。Bluefin系列AUV,如图2.32所示。

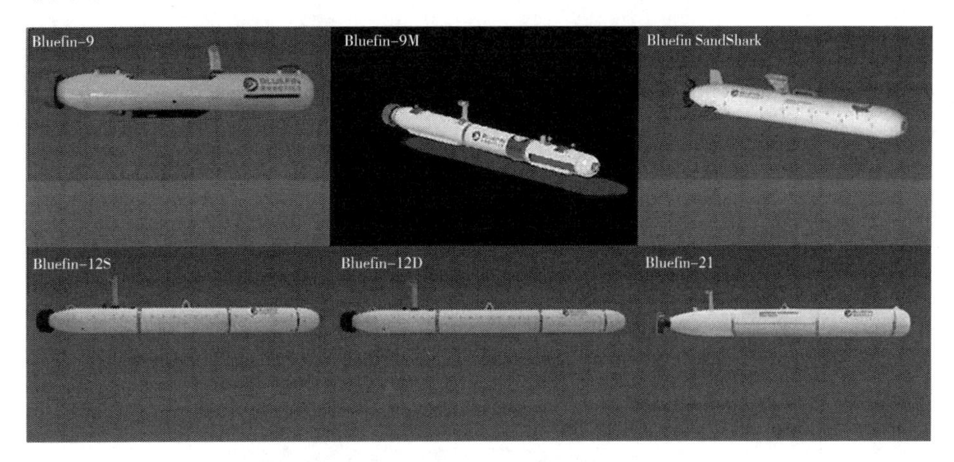


**图2.32　Bluefin系列AUV**

美国波音公司研制的Echo Voyager AUV,主尺度长为15.54 m,质量为50 t,最大下潜深度为3 352.8 m,配置混合充电动力系统,可连续在深海作业6个月,一次可以探索$1.2\times10^4$ km的深海范围,可以实现海底大面积监视、辐射探测、水样采集及油气勘探等作业任务(杨漾,2014)。Echo Voyager AUV,如图2.33所示。

**图2.33　Echo Voyager AUV**

蒙特利湾海洋研究所研制的Dorado系列AUV,其艇体直径为53.3 cm,根据不同的任务,其主尺度长最短为2.4 m,最长为6.4 m。第一个Dorado AUV在2001年底研制完成,用来测量通过弗拉姆海峡流入北极盆地的水流量,并为后来的Torado系列AUV提供了模板。在MBARI使用的系统中,包括从2002年以来常规操作的upper-water-column AUV和Torado海底测绘AUV,于2006年完成了第一次深度测绘作业。upper-water-column AUV,如图2.34所示;Torado海底测绘AUV,如图2.35所示;Torado海底测绘AUV拍摄的照片,如图2.36所示。

图 2.34　upper - water - column AUV

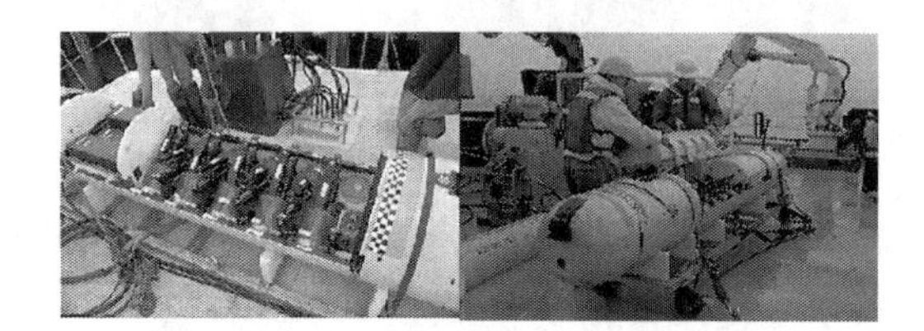

图 2.35　Torado 海底测绘 AUV

图 2.36　Torado 海底测绘 AUV 拍摄的照片

蒙特利湾海洋研究所研制的 Tethys AUV,主尺度长为 2.3 m,质量为 120 kg,最大下潜深度为 300 m,具有 0.5 m/s和 1 m/s两种航行速度模式,续航时间为 1 个月,最大设计航行距离可达 3 000 km。该 AUV 首次采用微处理器、能源管控等诸多创新性的技术方法,在 2012 年实现了 1 800 km持续航行能力验证。该 AUV 已被广泛用于温跃层、上升流等海洋特征参数的自适应原位测量与水下采样作业(徐昊,2017)。Tethys AUV,如图 2.37 所示。

图 2.37　Tethys AUV(徐昊,2017)

美国海军水下作战中心在“未来水下作战展望”中提出了一个名为Manta的、可嵌入潜水艇壳体的AUV,如图2.38所示,其主要负责侦察和探测敌方潜艇及水下兵器,攻击敌方潜艇。该AUV由攻击性核潜艇携带至沿海浅海区,在执行危险任务时将其释放,隐蔽地进行各种探测和侦察活动。布放之后Manta AUV既可以独立作战,又可以由母艇指挥。为了便于研究,美国海军水下作战中心已经制造了Manta AUV的试验艇MTV,用于演示项目中的关键技术并评估作战概念。发展这种AUV将极大地提升美国潜艇的战斗力。现有潜艇可以携带4艘排水量大于200 t的Manta,每个Manta都可以装载不同的武器和传感器,从而提高母艇的性能。美国海军还提出了由Manta AUV携带小型AUV的方式,作为母艇照顾小型AUV,进一步提高母艇的作战能力。

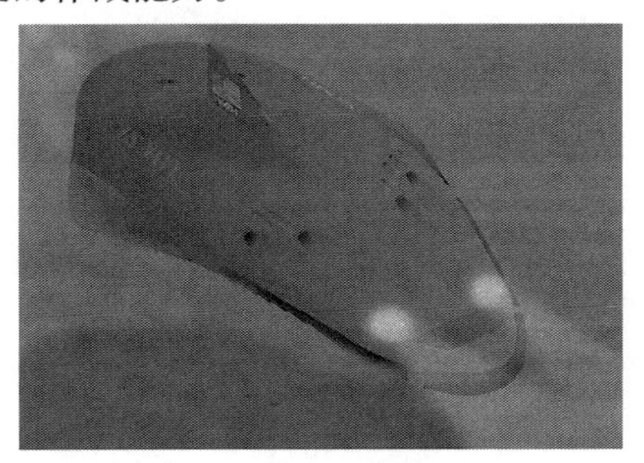

**图2.38　Manta AUV(江晋剑,2005)**

英国代表性的AUV有Autosub系列和Tailsman系列。牵头研发团队主要是英国南安普顿国家海洋地理中心和英国宇航系统公司(BEA系统公司)水下系统部。

英国南安普顿国家海洋地理中心于1995年开始研发Autosub系列AUV,主要用于海洋科学研究和军事应用,例如地质物理调查、环境监测、海洋科学调查、海底地图绘制,以及科学研究等。该系列AUV外形为鱼雷形,其中Autosub 6000 AUV的下潜深度为6 000 m,自从Autosub-Ⅱ AUV在2004年的南极冰面下试验中丢失后,他们研制了Autosub-Ⅲ AUV,下潜深度为1 600 m,并正在计划研制下潜深度为3 000 m的Autosub-Ⅳ AUV。Autosub系列AUV已经在海洋中总共航行了10 000 km,执行科学考察的任务(李岳明,2008)。Autosub 6000、Autosub Ⅰ和Autosub Ⅲ,如图2.39所示。

(a) Autosub 6000 AUV

(b) Autosub Ⅰ AUV

(c) Autosub Ⅲ AUV

**图2.39　Autosub系列AUV(李岳明,2008)**

英国南安普顿国家海洋地理中心研制的Autosub Long Range 6000 AUV,质量为650 kg,最大下潜深度为6 000 m,采用了先进的低功耗处理器和传感器设备,可实现6个月的续航时间,航行距离可达6 000 km。在2014年,完成了历时30天的海底大陆坡横断面处水文数据采集作业任务;在2017年,完成了南极洲海域的水文数据采集作业任务,帮助科学家加深对南半球海洋不同水层之间混合情况的了解;在 2019 年,该 AUV 搭载声学与化学传感器完成北海海域的水下气体追踪试验该 AUV 如图 2.40 所示(Griffiths 等,2011)。

**图 2.40　Autosub Long Range 6000 AUV(Griffiths 等,2011)**

“护身符”(Tailsman)是由英国 BAE 系统公司水下系统部研发的扁平形 AUV,其外壳由合成纤维制成的小平板组成,有利于分散主动声呐发出的声波,从而降低回波强度,具有一定的隐身效果。其下潜深度为 300 m,配置了 6 个商用矢量推进器,机动性能优良,能够悬停和 360°旋转,开放式体系结构设计允许对其任务系统软件进行快速重组。因此,在下水之前所有的任务参数都可以修改,在作业过程中,操作者也可对其行动进行干预。其主要任务是反水雷、收集情报、监视侦查和海底地图绘制。“护身符”是世界上第一艘攻击性多用途 AUV,能够携带多重武器和通信装置,装备“喷水鱼”灭雷具后,成为第一种完全自主的猎扫雷系统(华钟祥,2004)。Tailsman AUV,如图 2.41 所示。

**图 2.41　Tailsman AUV(华钟祥,2004)**

挪威国防研究机构和 Konsberg 公司联合研制了 Hugin 系列 AUV。Hugin 3000 AUV 最大下潜深度为 3 000 m,航行距离为 350 km,动力装置采用铝氧燃料电池,电池容量为 40 kW · h,如图 2.42 所示。该 AUV 主要用于环境监测、反水雷研究,以及高清高速海底地图绘制等。Hugin 1000 AUV 最大下潜深度为 600 m,续航时间为 24 h,动力装置采用锂离子电池。探测水雷目标所使用的干预型合成孔径声呐和立体搜索声呐分辨率高达 20 mm × 20 mm,对水雷目标识别覆盖率为 1 000 $m^2/s$。该 AUV 主要用于军事作战中的反水雷、反潜等任务(章一煦,2006)。Hugin 系列 AUV 最大下潜深度为 6 000 m。

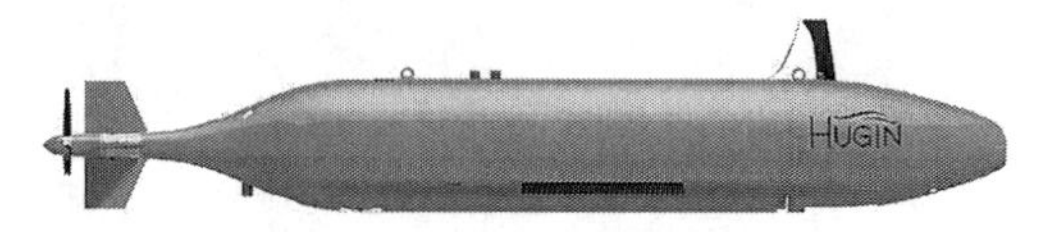


**图 2.42　Hugin 3000 AUV**

加拿大AUV的主要研发单位是ISE国际水下工程公司，其代表产品有ARCS AUV、Theseus AUV和Explorer AUV，如图2.43所示。ACRS最大下潜深度为300 m，航行距离为72 km，配备前视声呐和水声通信链，其主要任务是冰下电缆的铺设、水文调查和环境监测等。Theseus AUV采用铝合金耐压结构，下潜深度为1 000 m，任务载荷1 920 kg，动力装置采用70 kW · h铝氧燃料电池，续航时间为36 h。1996年部署期间，在600 m水下铺设了220 km电缆，并在2.5 m厚冰下驻留，创造了冰下超过60 h的记录。2010年，国际水下工程公司(ISE)为加拿大自然资源部开发了Explorer AUV，部署于加拿大极北地区，它的任务是进行冰下测深调查，进而支持加拿大在《联合国海洋法公约》外大陆架主权权益。Explorer AUV引入4 000 m深度额定可变压载系统和1 500 Hz长距离归位系统，具有冰下充电和数据传输能力。两次调查任务中在冰面下花费近12天时间，航行距离约为1 000 km，下潜深度为3 160 m，距海床平均高度为130 m，平均航行速度1.5 m/s。Explorer AUV解决了AUV在极端寒冷条件下的操作问题，以及冰下声学和声学归位问题(张宏伟，2007)。

(a) ARCS

(b) Theseus

(c) Exploere

**图2.43 加拿大AUV**

日本AUV的主要研发单位是日本海洋科学技术中心和日本东京大学。1992年，日本东京大学和三井造船公司合作开始研制R-one AUV，其最大下潜深度为400 m，航行距离为100 km，动力装置采用闭式循环柴油机为动力，燃油原料便宜、运行成本低、可靠性高，R-one AUV，如图2.44所示。该AUV可以在水下连续航行1天，主要进行海底环境、地形探察等任务。

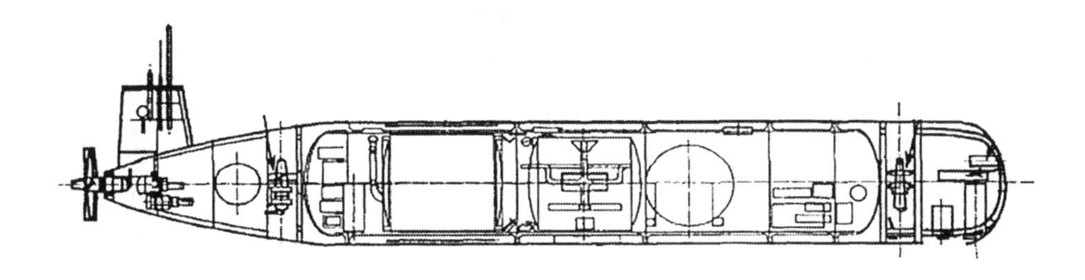

**图2.44 R-one AUV**

日本东京大学和三井造船公司合作开发了下潜深度为4 000 m的r2D4 AUV，如图2.45所示。该AUV主要用于海底探测。该AUV动力装置为锂电池，航行距离为60 km，其搭载的探测装置能够准确把握周围状况，而且搭载的计算机可准确地控制避障，到达指定目的地之后，航行误差仅为 30 m左右。该 AUV 主要功能是以传感器检测水温、水中的浑浊度等，并能自主地收集数据，探测喷涌热水的海底火山、沉船、海底矿产资源和生物等。

图 2.45　r2D4 AUV

1998 年，日本海洋科学技术中心针对下潜深度为 6 000 m和航行距离为 5 000 km的 AUV 需求，开始研发 URASHIMA AUV，如图 2.46 所示。2000 年，其利用水声通信手段，实现了对日本深海 1 753 m下的拍摄与照片传输；2001 年，创造了 AUV 下潜深度为3 518 m的世界纪录；2003 年，创造了使用燃料电池连续航行距离为 220 km的世界纪录；2005 年，又创下了下潜深度为 800 m，连续航行时间为 56 h，航行距离为 317 km的世界纪录。

图 2.46　URASHIMA AUV

冰岛、葡萄牙、法国、印度和韩国等国家也在积极研制 AUV。Gavia 系列 AUV 是由冰岛 Hafmynd 公司研发的一款模块化微小型智能 AUV，其直径为 0.2 m，最小长度为 1.7 m，最小质量为 44 kg，航行速度约为 2 m/s，下潜深度从 200 ~ 2 000 m不等，如图 2.47 所示，目前已经出口到美国、加拿大等国家。开发 Gavia AUV 的目的是使其作为一个可携带各种传感器的平台，用于海洋环境、地形及水中目标探测等任务，因此 Gavia AUV 具有完全的模块化设计。Gavia AUV 允许用户根据需要选择传感器。目前可搭载的传感器有侧扫声呐、避碰声呐、摄像机、惯性导航(INS)和 DVL 模块、声学通信系统、温盐深传感器，以及其他一些用户可选的传感器。2007 年 Gavia AUV 通过携带 swath bathymetry sonar 和侧扫声呐，以及摄像机在美国阿拉斯加波弗特海海区的冰层下完成了一系列探测工作，取得了非常好的效果(徐昊,2017)。

图 2.47　Gavia AUV(徐昊,2017)

LUUV AUV 是由葡萄牙波尔图大学与欧洲 OceanScan-MST 公司合作研发的一款用于极浅水域(不大于 50 m)的轻型智能 AUV,艇长为 1 m,直径为 0.15 m,基本型质量为 10 kg,如图 2.48 所示。可选择搭载的采样设备包括侧扫声呐、CTD、回音探测器(Echo-Sounder)、二维图像声呐、便携式声定位器(Portable Acoustic Locater)等,此外还可搭载 LBL、声通信声呐。其基本型搭载的设备主要是 GPS、GSM 通信模块、WiFi 模块、压力传感器等。根据搭载的设备不同,可用于海洋学数据采样、环境监控、港口安全、扫雷、水下设施检查等任务,是目前已知最小的投入商业化应用的智能 AUV。

图 2.48　LUUV AUV

此外,法国的 Taipan AUV,如图 2.49 所示;印度的 MAYA AUV,如图 2.50 所示;韩国的 ISIMI AUV,如图 2.51 所示。

图 2.49　Taipan AUV

图 2.50　MAYA AUV

图 2.51　ISIMI AUV

**5. 水面科考船平台**

20 世纪末，世界上海洋科学考察船的数量超过 500 艘。其中美国 105 艘，日本 93 艘，俄罗斯 87 艘，中国只有 19 艘。

1994 年美国船舶改进委员会提出，从科学使命的需求出发，须建立承担区域性特殊需要船队，更新陈旧船只，对现有船舶进行升级和现代化改造。20 世纪 90 年代后期，美国新建了 5 艘新型海洋综合考察船，开国际第三代考察船之先河，这些船只活跃在全球各大洋，为实现其全球战略提供了科学基础支撑。其中，伍兹霍尔海洋研究所管理的"亚特兰蒂斯"号、斯克里普斯海洋研究所管理的"罗杰"号，以及华盛顿大学管理的"托马斯"号 3 艘姊妹船是第三代考察船的代表，都具备强大的动力定位能力、卫星通信能力和携带深潜或自航设备的能力；船只配备的折臂吊、伸缩吊等吊装能力强，可完成 HOV、ROV，以及地质采样等大型设备的收放；配备齐全的绞车和钢/电缆系统，拥有用于深拖的万米钢缆、深潜调查/电视抓斗用万米同轴钢缆、多道地震用万米光纤、CTD 万米铠装电缆和万米水文钢缆等。"亚特兰蒂斯"号海洋科学综合考察船是包括"阿尔文"号 HOV 在内的 4 艘深潜器的母船，使用该深潜设备，美国在深海热液硫化物矿藏和黑暗生态系研究中取得了一系列开创性的成果。其船舶动力、通信性能之先进、调查设备之完善、吊装能力之强大，是目前我国考察船望尘莫及的。

欧洲一直是全球海洋科学研究的重要力量。法国、德国和英国等海洋研究先进的欧洲国家，也都拥有可全球航行、设备精良的国家共用综合考察船。大部分发达国家都采取了共享共用的考察船管理体制，单船年度海上调查作业时间超过 200 天。法国海洋研究与开发中心（IFREMER）拥有 7 艘海洋科学考察船，其中 4 艘能够执行远洋科学考察任务。另外还拥有 2 艘 HOV、3 艘 ROV，最大下潜深度为 6 000 m。英国在拥有 4 000 t级"发现"号和 3 000 t级的"查尔斯 - 达尔文"号 2 艘海洋科学综合考察船之后，还建造了 1 艘 5 000 t级的"詹姆斯库克"号海洋科学综合考察船，其目标是"建造一艘世界上最先进的海洋科学综合考察船，以保证英国科学家继续在国际海洋科研活动中处于领先地位"，该船已于 2006 年夏季下水。德国在拥有"太阳"号、"海神"号和"玉黍螺"号等一系列先进海洋科学考察船的同时，又设计制造了新的 3 000 t级"玛丽亚"号新型海洋科学综合考察船，预计探测范围可达全球任何海域，该船已于 2005 年底下水。挪威于 2003 年下水的"磷虾"号以渔业资源调查为主，兼顾海洋环境、海底柱状取样和小型地震等地质调查，在声学设备的布放和船型设计方面有独到之处（中国科学院，2013）。

日本从20世纪70年代开始，建造了一批近海科学考察船，20世纪80年代又建造了一批远洋科学考察船，其海洋研究与探测能力得到进一步加强，探测水平显著提升。目前日本有千吨以上的海洋考察船18艘，并且平均每10年建造海洋学、渔业资源、海洋地质考察船各1艘。1998年建造了3 128 t的适于海洋学、海洋地质和环境污染综合调查的“少阳”号考察船；尤其近年建造的“地球”号深海钻探船，是当前世界规模最大、装备最先进的第三代考察船，其投入和技术均已超过美国。日本海洋科学技术中心（JAMSTEC）拥有5艘海洋科学考察船，装备有深海探测能力的HOV 2艘、ROV 5艘、AUV 1艘，可在世界上较深的海底（11 000 m）进行探测。强大的投入，使日本的海洋科学研究在很短的时间内一跃成为世界海洋科技强国（中国科学院，2013）。

亚洲其他国家也不甘落后。印度已建造一艘5 000 t级的海洋科学综合考察船，该船将装备ROV和AUV，以及水下采矿和浅海调查等设备，于2007年建成。

国外主要的海洋科学（综合）考察船，如图2.52至图2.56所示。

图2.52　美国“亚特兰蒂斯”号海洋科学综合考察船

图2.53　挪威“磷虾”号海洋科学考察船

图2.54　德国“玛丽亚”号新型海洋科学考察船

图2.55　英国“詹姆斯库克”海洋科学考察船

图2.56　印度海洋科学综合考察船

国外主要的海洋科学(综合)考察船现状一览表,见表2.2。

表2.2　国外主要的海洋科学(综合)考察船现状一览表

| 调查船名 | 排水量/t | 建造年份 | 科学目的 | 隶属国家 |
|---|---|---|---|---|
| "西比里亚科夫"号 | 2 996 | 1990 | 水文地理学科学研究 | 俄罗斯 |
| "A. K. "号 | 5 000 | 1998 | 亚南极和南极大陆的科学考察 | 俄罗斯 |
| "欧内斯特－沙克尔顿"号 | 13 000 | 1995 | 极地调查 | 英国 |
| "詹姆士－克拉克－罗斯"号 | 5 700 | 1996 | 极地研究、南大西洋、南极地区科学研究 | 英国 |
| "阿特兰大"号 | 3 559 | 1989 | 海洋地球科学、物理海洋学、海洋生物学科学研究 | 法国 |
| "海卫四"号 | 3 022 | 1996 | 海洋综合科学调查 | 法国 |
| "太阳"号 | 4 734 | 1969 | 对全球非生命资源的多目的综合研究 | 德国 |
| "流星"号 | 4 300 | 1990 | 海洋综合科学调查 | 德国 |
| "地球"号 | 57 500 | 2005 | 深海钻探科学研究 | 日本 |
| "少阳"号 | 3 128 | 1998 | 地震预测、火山活动、海洋环境科学研究 | 日本 |
| "凯瑞"号 | 4 628 | 1997 | 深海底地震勘测、地壳构造科学研究 | 日本 |
| "海鹰－丸"号 | 2 942 | 1991 | 渔业科学研究 | 日本 |
| "横须贺"号 | 4 439 | 1990 | 海洋地质学科学研究 | 日本 |
| "联盟"号 | 3 180 | 1988 | 海洋学科学研究 | 北约 |
| "磷虾"号 | 4 067 | 2003 | 渔业研究、海洋学、小规模地震研究、海底岩芯取样、学生培训 | 挪威 |
| "金苹果园"号 | 2 823 | 1991 | 海洋学、地质学科学研究 | 西班牙 |
| "克诺尔"号 | 2 518 | 1969 | 生物学、化学、地质学和地球物理学、物理海洋学、海洋工程学科学研究 | 美国 |
| "罗杰尔雷弗勒"号 | 3 512 | 1996 | 海洋学科学研究 | 美国 |
| "罗纳德-布朗"号 | 3 200 | 1996 | 海洋和大气学科学研究 | 美国 |
| "亚特兰蒂斯"号 | 3 510 | 1997 | 海洋学科学研究 | 美国 |
| 浮式平台 |  | 1999 | 声学、生物学、物理和地球物理学科学研究 | 美国 |
| 美国海军"探险者"号(T-AGS 60) | 4 762 | 不详 | 海洋学调查研究 | 美国 |
| 美国海军"萨姆纳"号(T-AGS 61) | 4 762 | 不详 | 海洋学调查研究 | 美国 |
| 美国海军"鲍迪奇"号(T-AGS 62) | 4 762 | 不详 | 海洋学调查研究 | 美国 |
| 美国海军"翰申"号(T-AGS 63) | 4 762 | 不详 | 海洋学调查研究 | 美国 |
| 美国海军"布鲁斯希曾"号(T-AGS 64) | 5 000 | 不详 | 海洋学调查研究 | 美国 |

续表

| 调查船名 | 排水量/t | 建造年份 | 科学目的 | 隶属国家 |
|---|---|---|---|---|
| 美国海军“玛丽希尔斯”号（T-AGS 65） | 3 019 | 不详 | 海洋学调查研究 | 美国 |
| 美国海军“贺氏科学研究”号（T-AG 195） | 3 956 | 不详 | 声学调查研究 | 美国 |
| 美国海岸警卫队“亨利”号（WAGB- 20） | 16 000 | 不详 | 极地科学研究 | 美国 |
| “缅因州 T. V. ”号 | 7 144 | 不详 | 海洋综合调查 | 美国 |

**6. HOV 支持母船**

载人深潜技术是一项系统工程，专用的 HOV 支持母船是实现潜水器拖航就位、水面支持、作业环境调查和科学研究等功能的载体与科研平台。没有专业的 HOV 支持母船就无法发挥 HOV 的效能，无法发挥载人深潜勘查的能力。世界上各个载人深潜技术强国都拥有专门的 HOV 支持母船。

（1）美国——“亚特兰蒂斯”号

“阿尔文”号 HOV 的支持母船为“亚特兰蒂斯”号，船长为 83.2 m，宽为 16.0 m，排水量为 3 566 t，航行时间为 60 天，航行距离为 17 280 n mile，经济航行速度为 12 kn，最大航行速度为 15 kn。船上实验室包括 140 $m^2$的主实验室、生物实验室、水文实验室、湿实验室、电力/计算机实验室和科考储备室，总面积大于 357 $m^2$。可载船员 23 人，科考队员 24 人，技术员 13 人。“阿尔文”号 HOV 机库设置于主甲板的后部，机库内设有潜水器系固装置、维修工具，以及潜器液压系统，蓄电池系统，主压载系统，生命支持系统充油补油、充氧、充气的装置，此外机库中还设有一个包括车床、铣床、钻床等在内的机械加工工作间。“阿尔文”号 HOV 与其支持母船“亚特兰蒂斯”号，如图 2.57 所示。

**图 2.57　“阿尔文”号 HOV 与其支持母船“亚特兰蒂斯”号**

(2)俄罗斯——“Akademik Mstislav Keldysh”号

“Akademik Mstislav Keldysh”号是俄罗斯“MIR-Ⅰ”号和“MIR-Ⅱ”号 HOV 的支持母船，船长为 122.2 m，总吨位为 5 543 t，是当今世界 HOV 支持母船中最大的一艘，航行时间为 303 天，航行距离为 20 000 n mile，航行速度为 12.5 kn，可载船员与科考队员 129 人。其包括水文实验室、水化实验室、物理海洋实验室、地质学、生物学实验室、生物化学实验室等在内的实验室总面积约 280 m$^2$。MIR－Ⅰ HOV 与其支持母船“Akademik Mstisla Keldysh”号如图 2.58 所示(丁忠军等，2012)。

**图 2.58 “MIR”号 HOV 与其支持母船“Akademik Mstislav Keldysh”号**

(3)法国——“LAtalante”号

法国 1989 年建造的“LAtalante”号是一艘综合调查船，同时也是“Nautile”号 HOV 的支持母船。其船长为 84.6 m，排水为 3 559 t在航行速度为 12 kn 的状态下，可续航 60 天，最大航行速度为 15.3 kn，可载 30～33 人。根据其功能定义，共设有集装箱实验室、净实验室、超净实验室、电子测量实验室等 14 个科研实验室，总面积超过了 355 m$^2$。“Nautile”号 HOV 与其支持母船“LAtalante”号，如图 2.59 所示(李宝钢等，2016)。

图2.59 “Nautile”号 HOV 与其支持母船“LAtalante”号

(4)日本——“Yokosuka”号

日本“Shinkai 6500”号 HOV 的支持母船“Yokosuka”号建造于1990年,船长为105 m,型宽为16 m,型深为7.3 m,吃水为4.5 m,排水量为4 439 t,续航力为9 500 n mile,经济航行速度为16 kn,由两台2 206 kW的柴油机提供动力,实验室包括干实验室、湿实验室、重力实验室、无线电实验室,以及岩石采样处理实验室。长为9 m,宽为2 m,高为3 m的机库用于存放和维护维修“Shinkai 6500”号 HOV。“Shinkai 6500”号 HOV 与其支持母船“Yokosuka”号,如图2.60所示。

图2.60 “Shinkai 6500”号 HOV 与其支持母船“Yokosuka”号

国外的 HOV 支持母船均兼顾海上科学考察使命,它们有完备的导航定位系统与通信系统,设有功能齐全的实验室,配备有适用多种资源调查的探测系统、仪器设备及配套的工作车间、甲板起吊设备与作业空间。值得注意的是,新投入使用的调查船大都采用电力推进系统,以便更好地布置甲板和舱室。

这些调查船均配备功能强大的甲板起吊设备支持系统,其主要特点如下。

(1)具有大吨位吊放能力的船尾 A 型架及绞车吊放系统。例如美国“亚特兰蒂斯”号海洋科学综合调查船、法国“LAtalante”号综合调查船、日本“Yokosuka”号海洋科学综合调查船。

(2)具有专用的 HOV 库房。每艘 HOV 支持母船均设有可避风雨、挡阳光的 HOV 库房,库房内设有 HOV 维护检修的专用配套装备。

(3)具备探测能力。HOV 支持母船上均配备多波束、ADCP、CTD 浅剖等海洋环境探测装置,为潜水器作业提供保障,日本“Kairei”号支持母船上还搭载了重力计、三组分磁力计、Porton 磁力计、活塞采样器和多道地震系统,具备了较强的调查能力。

(4)在 HOV 支持母船上,为了实现配合作业和相互援救,除了配置大深度的 HOV 外,船上一般均装载其他类型的潜水器。例如美国“亚特兰蒂斯”号上搭载“Jason”号 6000 m ROV、“ABE”号 AUV 等;日本“Yokosuka”号上搭载“UROV7K”号 ROV;法国“LAtalante”号上搭载“Victor”号 6 000 mROV;俄罗斯“Akademik Keldshk”上搭载 2 条 MIR 号 HOV 等。这些潜水器功能互补,可以充分发挥各自优势来协调完成各种类型的作业任务。

除了俄罗斯的支持母船由于同时搭载 2 台 HOV 而吨位偏大之外,其他 3 艘支持母船的吨位为 3 500 ~4 400 t(雷波,1999)。美国“阿尔文”号 HOV 支持母船“亚特兰蒂斯”号建于 1997 年,具有较现代化的 HOV 配套装备,可作为我国“蛟龙”号 HOV 支持母船的参考。考虑技术先进性和经济合理性,母船的排水量应控制在不大于 4 000 t。

目前,HOV、ROV 和 AUV 的发展趋势如下。

**1. HOV**

HOV 可搭载相关人员进行直接观察和作业,这种特点和优势是其他类型潜水器无法替代的。从发展来看,HOV 的应用是一个逐渐被 AUV 取代的过程,造成这一局面的主要原因如下。

(1)由于 HOV 质量较大,不仅导致其造价成本高,且由于需要依赖支持母船、设备、人员等进行配套,造成其运营费用高。

(2)HOV 由于布置、功能的需要,外形较笨重,阻力性能并不好,难以提高下潜速度,因此其下潜速度慢、海底作业时间短。

(3)舱内空间小,无卫生设施,长时间工作时人员舒适性差。

**2. ROV**

目前,针对 ROV 的研究还存在一些不足,其发展趋势如下。

(1)观察型 ROV 的抗流性不佳,由于目前的观察型 ROV 多为中小型开架式结构,回转性能和操纵性能不佳,因此在海流中和复杂的海况中作业能力不佳。

(2)不易维护,代价高。

(3)面向海洋石油业的作业,通用性不佳。目前,水下作业与观察对水下机器人的需求很广泛,例如水下焊接作业机器人、海生物采捕机器人和核电站引水隧洞清洗机器人等,均涉及特种环境的特种作业。目前一般的 ROV 很难胜任,所以 ROV 虽然很多,但市场占有量不大,普遍性和通用性不强。

(4)操作复杂,对操作人员的熟练性要求较高,长时间操作易疲劳;需要较专业的母船支持。

**3. AUV**

美国、英国、挪威和日本等国家在 AUV 的研发方面起步较早,技术较成熟,创新概念多,其发展历程及技术经验值得其他国家参考和学习,但也存在着诸多难题,例如如何提高航行器的自主导航能力、提升水下通信能力、降低航行器的制造成本与技术复杂度、航行器的智能化、多功能化、系列化、标准化、模块化及提升续航力等。

由于专用型航行器重复利用率低,航行器现已朝着多功能化的方向发展。在性能优良的航行器的基础上继承创新,形成满足特定需求的系列产品。产品的标准化与模块化能大幅度减少更换其任务载荷的时间,降低维修难度,提高产品的商业化可能性,同时也能满足军用的制式要求。

## 2.2　深海拖曳探测装备技术

在现代研究和开发海洋的先进技术手段中,深海拖曳技术具有重大的意义。目前,获取海洋调查数据的深海拖曳探测装备都需要合适的运载器或支持平台,其主要包括水面船只、HOV、ROV、AUV 和 DTV(拖曳式潜水器)等。如图 2.61所示,各种拖曳系统被广泛应用于海洋作业中,借助这些深海拖曳调查设备可以进行各种海洋科学要素和地球物理学参量的测量、海底地形的考察、海底电缆的铺设、地质取样及打捞蕴藏在大洋深处的矿石、水下固定工业设施的使用和维护及修理等。深海拖曳技术作为人类探索海洋的重要工具,在海洋学研究、海底资源开发、海洋打捞救助,以及水下目标探测等方面具有广泛的应用(沈晓玲,2011)。

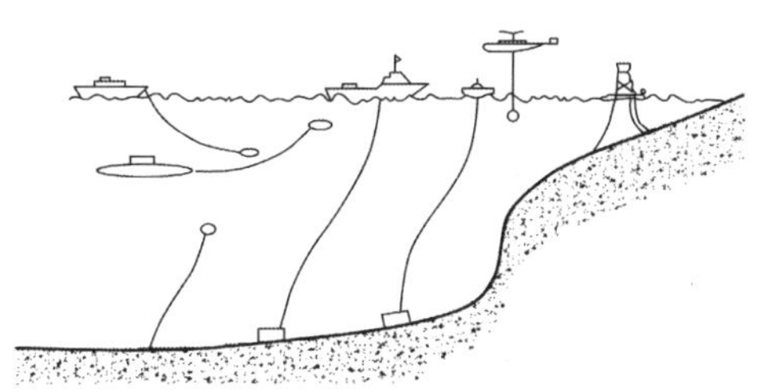

图 2.61　拖曳系统

对于深海拖曳探测装备技术的发展现状主要表现如下。

世界上第一个具有现代意义的拖曳系统出现在第一次世界大战期间,美国海军试验中心的 Hayes 于 1917 年设计了第一个拖曳系统——拖曳式鳗鱼声呐系统,用于探测敌方水下潜艇(付薇,2015)。在此之后,通过科研人员的不懈努力,深海拖曳探测装备发展迅猛。根据不同的用途,形成了形式多样、性能可靠的拖曳系统。形式简单的如拖在船后无拖体的自由拖缆;形式复杂的如带有水下拖体的拖曳系统,拖体内装有各种海洋探测设备,其能够执行海洋勘探作业和工程任务,可以连续作业,因此得到了较为广泛的应用。目前,世界上现有的拖曳系统主要有美国的 ANGUS、ARGO、Deep Tow Survey System、STSS、Q-Marine;日本的 Deep Challenger、Flying Fish、Dolphin 3K;德国的 OFOS、SEP、MANKA 等(方子帆等,2013)。这些拖曳系统广泛应用于军事、地球物理学测量、水下资源勘探等诸多领域,因此拖曳系统的研究已经在现代海洋技术开发中占据重要地位。

目前世界范围内深拖系统发展较为成熟的国家主要有美国、丹麦和挪威等部分欧美国家及日本。其中欧美的个别研究单位已经开始了深海拖曳系统的商业化经营。

**1. 丹麦 Mac Artney Artney 公司的 TIAXUS 系列产品**

比较有代表性的是丹麦 Mac Artney 公司始于 2000 年研发的一款高速且具有 3D 成形效果的 TIAXUS 水下拖体系列产品。TIAXUS 型号拖体，如图 2.62 所示。该公司在设计上采用了 NACA 发明的流线型翼板，分别安置在拖体前后当作首尾升降舵来使用。如此设计就可以让拖体控制升降舵来实现垂直方向的定高航行，加上平衡舵组既能保持垂向又能保持横向的操纵性(裴铁群，2011)。

图 2.62　TIAXUS 型号拖体

**2. 美国 Teledyne Benthos 公司的 C3D 系列产品**

C3D 产品是由世界范围内著名的 Teledyne Benthos 深拖系统公司设计的。该拖体呈流线型，长约 2.1 m，直径为 0.27 m，设计拖曳速度为 1 ~ 10 kn，最佳的测试航速为 3 ~ 5 kn。拖体在水面上的部分质量为 158 kg，在水面下的部分质量为 45.3 kg。拖体框架采用不锈钢材料制作，外壳采用聚乙烯材料制成，并使用 Kevlar 材料进行拖曳，整个拖体的质量较小，方便海上实验携带。C3D 拖体内部装备有高度计、速度计、压力传感器和磁力传感器等仪器设备，可以对拖体自身的运动状态和水下环境进行实时监测，通过脐带缆将监测到的信息高速传输至水面以上的研究人员手中，便于进行数据收集和分析。C3D 产品是深海拖曳技术、声呐技术、多阵列换能器和多角度三维成形技术结合应用的典范，同时该系列产品有着非常高的可靠性(梁春江，2015)。C3D 某一拖体采用 Kevlar 材料做缆绳进行拖曳，其外形示意图，如图 2.63 所示。该系列产品主要依靠水声和测扫声呐技术将所测得的数据进行三维成像，其示意图，如图 2.64 所示。

图 2.63　C3D 某一拖体外形示意图

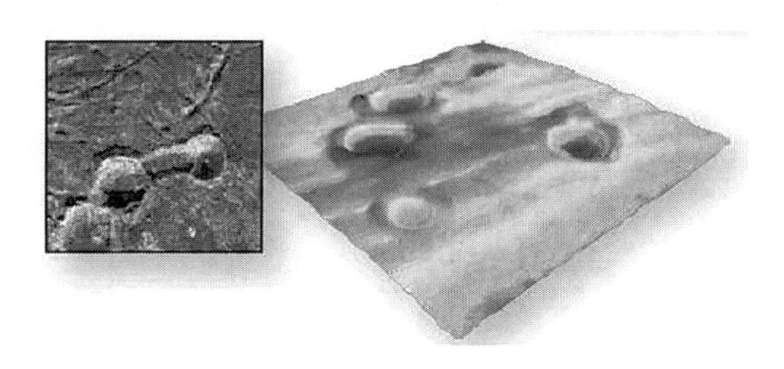

图2.64　C3D成像示意图

**3. 美国Oceaneering公司的"海洋探索者6000"**

"海洋探索者6000"是由美国Oceaneering公司设计的一款具有测扫声呐和宽领域绘图的深海拖曳系统。其长为4 m、宽为1.5 m、高为1.2 m，下潜深度为6～6 000 m，质量约2 700 kg，如图2.65所示。比较特别的是，"海洋探索者6000"的结构为一个二级深海拖曳系统，其一级拖体可以在6级海况下保持运动稳定。由于系统出色的运动稳定性，确保了高分辨率和大面积工作的要求，能够高标准地完成搜寻和探测任务。其系统上装有测扫声呐、速度计、压力计和高度计等测量仪器用于执行测绘任务。其中，频率为33/36 kHz的声呐工作范围为0.5～5 km，水平方向上探测角为1.6°，垂直方向上探测角为40°；频率为120 kHz的声呐的工作范围为0.1～1 km，水平方向上探测角为1.6°，垂直方向上探测角为60°。"海洋探索者6000"可以用来寻找丢失在海底的物体，如失事飞机的黑匣子等。

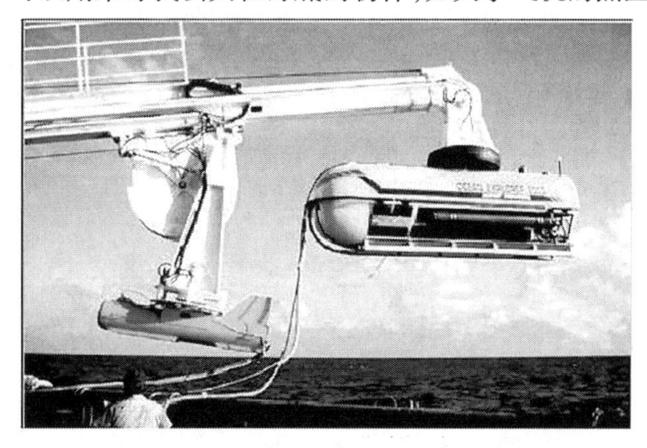

图2.65　"海洋探索者6000"深海拖曳系统

**4. 美国Woods Hole海洋研究所系列产品**

(1)"ARGO"号拖体及拖曳系统

该拖体及拖曳系统是由Woods Hole Oceanographic Institution早期设计的一款产品。其长为4.5 m、宽为1 m、高为1 m，质重约为2 t。拖缆内部裹有电线和信号传输线，外部采用钢铁包裹，整体可以承受16 329 kg的抗拉强度。由于拖体本身不带有推进装置，需要依靠拖船带动和有人员协作才能完成探测任务。在测试时，拖船以1 kn的航行速度直行时，拖体稳定在船尾100 m处，并且成功地完成了探索"泰坦尼克"号沉船的任务，借助拖体上的探测设备拍摄到了"泰坦尼克"号残骸的照片(Stew等，1986；Robert D等，1991)。

(2)"CAMPER"号拖体及拖曳系统

该拖体及拖曳系统是由 Woods Hole Oceanographic Institution 设计的一款雪橇状产品。该拖体内部装备有化学传感器、电子摄像装置和小型机械手,其上具有推进装置,但作业时主要的动力来源为拖船的拖力。这款拖体的主要作用是进入北冰洋底部,依赖其拖体上的探测设备进行海底地理和生物探测,借助其拖体上的小型机械手成功抓取到棒状海绵生物,并提取到棒状海绵生物的 DNA。这是人类第一次提取到北冰洋底部海洋生物标本。

(3)"ARGUS"号拖体

该拖体是为了在黑海进行科研而特别研制的一款产品。其长为 3.5 m、宽为 1 m、高为 1.24 m,框架采用全钢结构,质量约为 1.8 t,下潜深度可达 3 000 m。开发该类产品的作用是探索黑海 200 m 深度以下,对该区域的海底地形地貌进行勘查;获取土耳其北部大陆架区域内七千年前人类活动的遗迹资料;搜寻该区域里沉没的船舶残骸等(Dwight F. Coleman 等,2000)。

(4)"DSL-120"号声呐拖体

该拖体是一款用作海底平面图绘制的纯声呐探测运载器。其长为 3.3 m、宽为 0.7 m、高为 1.1 m,质量约为 0.4 t,最大下潜深度达到 6 000 m。拖体两侧各配有一个测扫描声呐仪,频率为 120 kHz,水平方向上探测角为 1.7°,垂直方向上探测角为 50°,每 0.8 s 仪器会向海底发射一次声波,依据海底反馈的声波信号进行海底平面图绘制。

(5)"Tow Cam"号拖体

该拖体是一款专门对海底进行拍摄的深海拖曳系统。其下潜深度达到 6 000 m,外壳由高强度钢和混合塑性材料构成,能够适应高压低温的海底环境下,开展勘探工作。该拖船拖体工作时依靠拖船拖曳进行作业,当拖船航速为 0.4 kn 左右时,拖体受线缆拖拽位于拖船后方 200 m 左右处,海底约 5 m 左右的位置处进行定高航行,可连续工作 5 h 以上,每次作业可以拍摄 1 800 张左右的高清图片。

**5. 日本 JAMSTEC 深海拖曳摄像系统**

JAMSTEC 深海拖曳摄像系统依靠两根拖缆对"SHINKAI2000"号拖体进行拖曳。JAMSTEC 系统长为 2.6 m、宽为 1.2 m、高为 1.2 m,质量为 0.8 t,可以在 6 000 m 深度下进行工作,拖缆直径为 17.2 mm,内部为电缆和传输信号线,外部为保护层,确保能传输信号且保持拖缆的强度。拖体携带的探测设备有高清彩色摄像头、深度计、温度计、高度计、压力计、250 W 卤素灯等(Kiyoshi Otsuka,1991)。

海洋水下起伏式拖体(undulating towed vehicle,U-TOW)应用于海洋探测和水文调查始于 20 世纪 90 年代中期。其特点是在作业时,在垂直面的轨迹近似为正弦曲线,这是由于拖曳装置的拖曳力引导拖体向前,而拖体上的驱动电机产生的升降力带动拖体做上浮和下沉运动,从而整体上拖体做类正弦运动。借助拖体上携带的传感器和探测器,拖缆将采集到的信息传输到研究人员手中,进而构建立体化、高精度的海洋物理 *H* 维数据模型。

水下起伏式拖体采用流线型艏部设计,同时采用强度较高的 U/PVCU 聚酯塑料,最大下潜深度可达 500 m。在工作时,其航行速度随着下潜深度的变化而变化,所处的深度越深,航行速度越慢。水下起伏式拖体的一个显著特点就是机动灵活,能够根据研究需求进行海洋环境的起伏式测量、定点式测量和定深式测量,不仅应用在多种海洋科学的研究中,还应用在海洋环境检测和海洋资源开发等领域。

目前,水下拖体研制成果比较成熟的有英国 Chelsea 公司、SeaSoar MK 系列与 Nu - Shuttle 系列、加拿大 Guideline 公司 Batfish 系列,以及英国西南海洋系统公司(现称西南环境技术公司)的 U - TOW 系列。

根据调研,深海拖曳系统主要呈现以下几种发展趋势。

(1)向远航程方向发展

远航程是指航程在 500 n mile 以上,以往远航程的拖曳系统受到能源、远程导航和实时通信等技术方面的限制,是一个很大的挑战。但近年来随着这些领域的不断突破,远航程的拖曳系统是未来的趋势。美国、法国、俄罗斯等国都相继推出了远航程的拖曳系统计划(曹辉进,2014)。

(2)向深海方向发展

7 000 m 水深对于拖曳系统下潜深度的发展是一个重要节点,7 000 m 水深以内的海洋面积占海洋总面积的97%,因此研发能够在7 000 m 水深环境下进行操作作业的拖曳系统,意味着该系统可以在绝大多数的海域进行作业。中国也在积极开展深海拖曳技术的研发工作(曹辉进,2014)。

(3)向功能更全面方向发展

目前,所研发的绝大多数深海拖曳系统只具有海洋侦察勘探能力,不具备实际的工程作业能力,远远不能满足工程作业需求。此外,拖曳平台的智能化水平有待提高,今后将更加依赖传感器和人工智能技术来提升其智能化水平(曹辉进,2014)。

目前,国内外对拖体线型的研究都比较深入,拖体的形状层出不穷,总体来说有流线型、平板型、机翼型及综合型,等等。而在拖体的剖面运动控制方式上,大多以二维控制技术为主,只有日本的 Flying Fish 拖体采用三维控制技术。

如今,潜水器的应用越来越普遍,尤其是带缆潜水器因其具有较高的安全性和可靠性及易回收等特性,随着海洋开发的不断进行和深入而得到广泛应用。但带缆潜水器也存在一个自身限制的独特问题,即脐带电缆与潜水器或其他物件的纠缠问题。轻微的纠缠可能导致作业任务的短期停滞;比较严重的纠缠可能导致作业任务无法完成,影响作业时长;更为严重的是,可能造成潜水器的丢失。发生纠缠现象的一个重要原因是工作水域一般较深,环境复杂且操纵过程中无法获知缆线的工作状态。精确地预报拖缆的稳态特性及在各种海洋环境下的响应是保证拖曳系统安全工作的主要参考依据(连琏,2001)。因此,随着海洋开发活动的不断增多,越来越多的学者和研究人员致力于拖缆的研究。除此之外,水下拖曳系统还面临着由于过长的缆索而引起的阻力增大、潜水器的稳定性、运动姿态控制等其他问题。

水下拖缆是一个涉及面很广的复杂问题,其不同于陆地上的牵引系统,不仅有普通力学问题,更主要的是有许多流体力学问题。拖缆作为整个系统的重要组成部分,不仅起着连接拖曳平台与水下拖体的作用,而且通过拖曳水下拖体提供前进动力,成为拖体供电和探测数据传输的通路。在拖曳系统的研究领域,拖缆一直是研究的焦点。由于拖缆材料特性和水动力载荷的非线性等因素的影响,导致拖缆运动存在强烈的非线性,因此拖缆运动特性研究也一直是一个难点问题。

## 2.3 深海原位监测技术

深海原位监测技术,也称固定监测平台。如今海洋监测技术发展迅速,呈现出从短期定点观测向长期动态观测、从局部独立监测向区域协同观测、从单一目标观测向多目标观测的发展趋势,正在向模块化、动态化、协同规模化、多用途化的方向发展。目前,美国、欧盟中等国家已经围绕深海探测研究的需求,研发了60多套深海坐底式检测平台,建立起了完善的海底原位检测体系(王希晨,2013)。海底原位监测采用底基着陆器执行深海的监测与实验任务,监测任务既包括稀缺观察,也包括测量某些地区的系列参数。

对于大多数特定的深海实验,部署潜水器进行实验,其成本较高,甚至在实际中是不可行的。由于深海原位监测系统具有复杂性和长期性的特点,因此开发着陆器是针对这些实际困难所提出的有效解决方案。

与传统的HOV、ROV、AUV相比,着陆器具有结构简单、使用方便、成本低、可承受科学负载大及具备长时连续探测等优势。其在海洋研究领域,尤其深海研究领域具有广阔的应用前景。

着陆器一词来源于月球探测任务中的月球着陆器,因此海底坐底式无动力潜水器被人们称为“深海着陆器”或者“海底着陆器”(王涛,2019)。到达预定区域后,着陆器借助附加的配重,自由下沉到目标位置,开展观测任务。当观测任务结束后,给系统发出上浮回收信号,摆脱重物,着陆器浮到水面回收。

20世纪70年代,人们开始陆续开发了一些着陆器和接近着陆器的装置,如建立了FVR实验舱(Smith等,1976)、MANOP着陆器(Weiss, Kirsten, Ackerman, 1977; Kirsten等,1985)和FVGR-1实验舱(Smith,1978; Smith等,1979),HINGA带舱着陆器(Hinga等,1979)。根据这些早期装置的综合经验,20世纪80年代,人们又陆续开发了其他着陆器。比如与FVR实验舱类似的DEVOL着陆器(Devol,1987; Devol等,1993),与FVGR-1实验舱类似的IHF着陆器(Pfannkuche,1992),能够在短时间内进行复杂的通量反应并且能够广泛部署在海洋环境中的USC着陆器(Berelson and Hammond,1986),从高度复杂的MANOP着陆器简化而来的BECI着陆器(Jahn and Christiansen,1989),目的是避免MANOP着陆器在开发过程中的不足之处。如今,第三代着陆器出现了许多新的发展,包括FVGR-2(基于FVR和FVGR-1)(Smith,1987)和GOMEX着陆器(Rowe, Boland, Phoel等,1995)。要说明的是GOMEX着陆器不仅可以估计通量,还可以吸引和捕获深海生物。

随着海洋科学的发展和海洋工程技术的进步,着陆器被广泛应用于多种海底科学研究。20世纪90年代着陆器主要用于海洋雾状层的研究(Vangriesheim, Khripounoff, 1990),海底边界层进行精细尺度、高分辨率的水采样(Thomsen, Graf, Martens等,1994),潮汐和海底潮流的长期检测(Spencer, Voden, Vassie, 1994),海底微震活动的探测(Kink, Langford, Whitmarsi-I, 1982)或者配备磁记录仪和地震检波器进行海洋地球物理研究。总体来说,着陆器可以实现探测、采样、原位实验三大功能。

### 1. 传统着陆器

1977年,着陆器的概念设计被首次发表。在国际大洋十年勘探(IDOE)计划的锰结核项目(MANOP)中,开发了一种能够长期进行海底实验的无动力潜水器,也就是MANOP着陆器,如图2.66所示。该着陆器是锰结核项目进行原位海底沉积物边界化学研究的主要实验手段。其外形结构是三脚架,带有三个位于三条支撑腿基部之间的独立底部实验腔室。整个外形结构在水平方向直径约为2 m,高度约为2.5 m,并且在着陆器上方30 m处悬挂浮动阵列(Tengberg,1995)。

1997年,英国自然环境研究理事会(NERC)直接资助了BENBO项目。其是多机构合作、多学科交叉、涉及深海生物地球化学的海洋研究项目,主要目标是调查和量化海洋沉积物在深海床上发生的生物物理和生物地球化学的过程。在BENBO项目中运用了一种新的多用途BENBO底基着陆器,如图2.67所示,并部署该着陆器在北大西洋东部进行深海实验(K S Black,2001)。

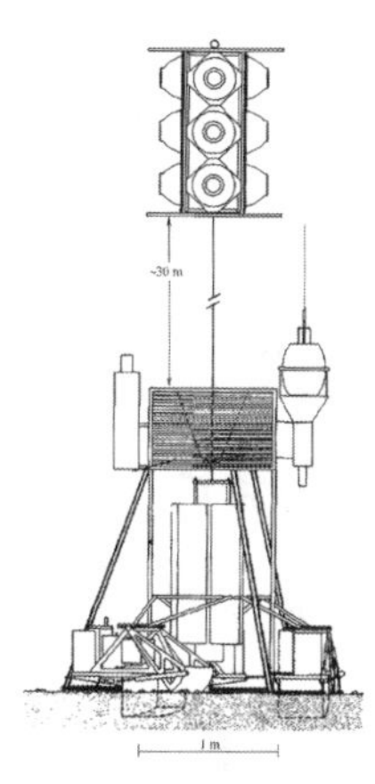

图2.66　MANOP着陆器

1—声波发射器;2—声学压载释放装置;3—卫星信标;
4—浮力球体;5—电池;6—钢丸镇流器。

图2.67　BENBO底基着陆器

BENBO 底基着陆器是与商业工程公司——KC-Denmark 公司合作设计和建造的，该着陆器包含如下多个可更换的模块。

(1)用于确定总底基生物呼吸和溶质通量的封闭室；

(2)可以将最多四个氧微电极和两个 pH 微电极插入沉积物中，并可以在非常高的空间分辨率( ≤50 mm 间隔)下测量孔隙水浓度的微型模拟模块；

(3)通过沉淀物－水界面插入 DGT(薄膜中的扩散梯度)和 DET(薄膜中的扩散平衡)凝胶探针，测量微型金属的通量和主要离子浓度的装置。

BENBO 底基着陆器包括两个上下叠放的三角形框架。三个独立的科学模块之一被螺栓连接在仪器框架下部。框架上部可以容纳 9 个浮力球体以使着陆器在部署结束时回到海面。两个框架均由 2.5 $cm^2$ 的铝管制成，高约为 1.5 m。所有的着陆器操作均由位于 6 000 m额定压力室中的中央计算机控制。中央计算机在部署期间将记录所有的传感器数据，并且在招录器恢复作业前将此数据上传到 PC。12 V 的铅酸电池主要为着陆器系统提供电源。为了确保着陆器能够安全地恢复作业，声波发射器和卫星信标独立供电。在框架下部的角落处存在一个可调节的伸缩脚，因此可以使海床上方的仪器有 0～0.5 m 的高度变化。支撑腿底部的圆形平台增加了框架的受力面积，从而限制框架在松散的泥浆上下沉。将微型(直径)为 1.5 cm 的核心管安装在上述圆形平台上，以评估支撑腿沉入沉积物的程度和着陆器的倾斜程度。浮力球体数量可以进行调整，其上升时的净正浮力为 75～100 kN，若添加足够的压载配置可使着陆器在下降时，净浮力约为 50 kN。这种压载配置可以使着陆器拥有 60～70 m/min 和 50～60 m/min 的上升和下降速度。框架上安装有 10 kHz 的声波发射器，可使船舶上的标准回声测深仪能够跟踪到着陆器的上升和下降。一旦底部实验完成，通过触发声学压载释放装置，压载物便可使着陆器返回海面。此外，若声学压载释放系统发生故障，还可通过烧丝触发压载系统以实现着陆器的回收。

1999 年，大西洋佛得角部署了一种新颖自主的 Isit 无动力着陆器，用于深海生物发光研究，可下潜深度为 6 000 m。该系统配备了一个高灵敏度的增强型硅靶摄像机、可编程控制记录单元与带有深度和温度传感器的声学海流计。如图 2.68 所示，Isit 无动力着陆器由高为 1.6 m 的铝制框架构成，框架底部是可以调整高度的三脚架，三脚架的下端带有金属衬垫以改善腿部受力。三脚架的每个支脚上的肘节机构悬挂一个压载组，并由 Dyneema 线连接到两个并联的声学压载释放器。Isit 无动力着陆器的顶点附有玻璃浮力球体的系泊系统，在上端和下端都带有一个回收浮标、Dhan 浮标、卫星信标和闪光灯，以帮助回收。Isit 无动力着陆器外围设备都是由 68 000 Hz 微处理器控制的，这些微处理器从机载实时时钟和控制程序中输入了相关事件的系统上电时间。

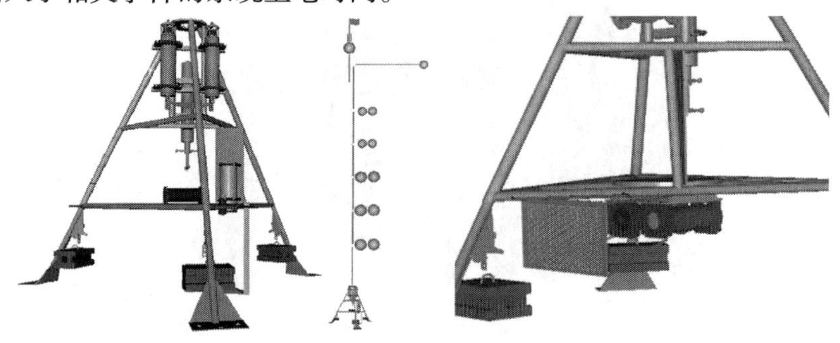

**图 2.68　Isit 无动力着陆器**

2001 年 8 月,阿伯丁大学海洋实验室成功地将 Frsep 3 着陆器部署在北大西洋豪猪号海湾的 1 500 m、2 500 m 和 4 000 m 深处。在 2002 年 3 月巡航期间,阿伯丁大学海洋实验室又成功将 Sprint 着陆器部署在北大西洋豪猪号海湾的 4 000 m 和 2 500 m 深处,其实验目的均是进行深海鱼类行为监测。Frsep 3 着陆器,如图 2.69 所示。

**图 2.69　Frsep 3 着陆器**

Frsep 3 着陆器由一个管状铝制框架构成,铝制框架上安装了两个声学压载释放装置、控制器和摄像机系统。Frsep 3 着陆器系统除了声学压载释放装置外,都是由一台专用机载微处理器计算机控制的。该微处理器的运行与解析都遵循基于文本的命令代码“C”编写的程序。每个部署过程都有单独的命令代码,并通过 PCMCIA 闪存 RAM 卡加载到控制器中。Frsep 3 着陆器工作原理图,如图 2.70 所示。

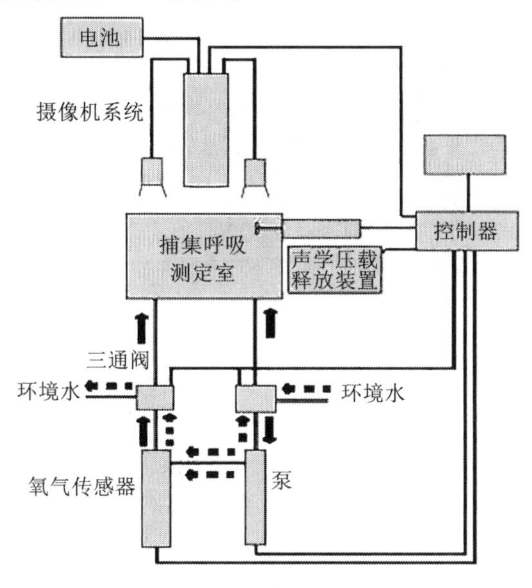


**图 2.70　Frsep 3 着陆器工作原理图**

摄像机和控制单元分别被包含在阳极氧化铝和钛压力外壳内。该着陆器所有系统的电源由两台 12 V 压力补偿的铅酸电池提供。摄像机系统由改进后的数字录像机和具有广角自动光圈镜头的彩色 CCD 摄像机组成。摄像机安装在腔室底板上方 1.5 m 处，可以通过腔室上表面透明板观察捕获的鱼。两台 50 W 深海光电多层灯用于摄像照明。该着陆器工作室中的陷阱装置捕获工作时长为 11 min，摄像机和深海光电多层灯被激活 1 min，并继续进行三个类似过程以监测陷阱内的鱼类行为。从部署到回收时间为 4 ~5 d。

Sprint 着陆器，如图 2.71 所示。其由铝制三脚架组成，其上端装有两个声学压载释放装置、控制系统、激励系统和摄像系统。40 kg 的压载块通过杠杆式连接器连接到每条腿上，使得着陆器在部署时不能浮起来。在实验结束时，通过声学命令释放压载物，而后通过浮力系泊系统将着陆器返回海面。在系泊系统上附有收回标志、卫星信标，以及浮标上的频闪，以辅助回收。Sprint 着陆器系统除了声学压载释放装置外，都由 68 000 Hz 的机载控制器控制。机载控制器使用基于文本的控制程序。专用数字摄像机系统被包含在铝压力外壳内，通过具有广角自动光圈镜头的数字摄像机将视频图像以 25 Hz 的帧速率记录到数字摄像机中。两台安装在着陆器甲板下方的 50 W 深海光电多层灯用于摄像机照明。着陆器框架形成了摄像机的三脚架，摄像机在距离海底 2.8 m 处朝向向下可以得到 1.8 ~2.6 m 的监测视野。海底浅色的背景和照明角度使得摄像机能够捕获鱼的细致轮廓。相机系统的电源由 12 V 压力补偿铅酸电池提供。

1—声学释放器；2—摄像机压力壳；3—处理器；4—12 V 电池；
5—声学海流计；6—电激单元；7—50 V 照射灯；8—压舱钳；9—电极。

**图 2.71 Sprint 着陆器**

典型实验是着陆器在海底稳定持续 2 h 后，鱼类被 3 kg 的鲭鱼诱饵吸引到着陆器上。在机载计算机的控制下，使用电刺激来触发数字摄像机快速启动。在预先设定的时间开始拍摄和电刺激，随后以一定规律的间隔持续 2 小时定期实验。根据母船的实际操作情况，着陆器在其底部 5 ~24 h 后回浮。

上述两种着陆器也存在着缺陷和不足。着陆器配备的摄像机采样频率均较低(25 Hz)、视野较大,这些因素导致不能充分地监测鱼类的行为和位置。高帧速率的摄像机在低图像放大率下会导致测量误差的增加,但采用低帧速率的摄像机,会使视频记录中的鱼类移动加速度值低于真实值,因此最终有可能低估鱼移动的速度和加速度。其实这项研究的主要目的是证明鱼的移动速度比预期深海动物的移动速度更快,所以技术问题所引起的实验值偏小并没有影响对结论的验证。

**2. 升级着陆器**

20 世纪 90 年代,欧美国家开始对着陆器进行升级优化,使着陆器具备双向通信功能,在开发海底基站时,使之与海面基站可以通过声波或者电缆进行连接。下面列举一些具有代表性的典型着陆器。在“欧洲底基着陆研究和技术研讨会”期间,人们提出需要能够在一个地区进行长期部署的着陆器。如果这种仪器被持续部署在完全相同的现场,其本身存在被干扰和改变自然条件的现象,所以着陆器必须能够主动移动或者被动移动。这可以通过恢复,或者重新部署一个着陆器,或者一次部署多个着陆器,或者部署拥有自主改变自身位置能力的着陆器等多种方法来解决。

阿伯丁大学海洋实验室研发的 DOBO 着陆器(Bagley 等,2005)旨在监测深海物理参数,并观察生物反应。DOBO 着陆器配备 35 mm 的反光透镜延时静物摄像机以监测深海鱼类对诱饵的反应。该相机由定制的机载控制微处理器来控制。其在外部控制下,相机可以被偏置以拍摄照片。同时,该相机可以在 35 mm 彩色反转胶片上以大于 30 s 的可编程间隔拍摄出 1 600 张彩色照片。该相机的高度为 2 m,可拍摄 2.3 × 1.6 m 的海底面积。诱饵被放置在摄像机视野的中心,这样便于观察视野中被吸引来的鱼类。

瑞典哥德堡大学自 20 世纪 90 年代初开始研发自主着陆器。随后,法国、丹麦和美国的研究机构开发并使用了 5 种不同的着陆器系统。人们为新的传感器技术(例如专用于氧气感测)的开发也已经做出了相当大的努力,并取得了一定的成就。之后,在欧盟 ALIPOR 项目框架内,将所有的传感器和系统都连接成一个现代网络(CAN 网络、控制器局域网),这样可以实现仪器和传感器之间的高速和高安全性的通信。该现代网络的优点在于可以将新的仪器和传感器以“即插即用”的模式连接到现有网络,并且所有数据可以由控制单元收集,并且通过声学双向通信被传送到用户端。以下是基尔大学研发的着陆器集群,如图 2.72所示。

德国基尔大学运行了一系列的 8 个模块化设计的着陆器,用于深海底层边界层的研究。在传统的自由落体模式或目标模式下,在混合光纤或同轴电缆上,使用特殊的发射装置进行部署。着陆器由发射器精确定位,然后通过激活电释放器轻轻部署并快速断开。双向视频和数据遥测提供在线视频传输,以及多种表面控制。通过光缆连接的着陆器集群,能够确保数据传输到地面,并在将来通过卫星连接到岸边,这被认为是对未来海洋监测站的重要贡献。着陆器集群由各种类型的科学观察专用着陆器、小型自主车辆(AUV,履带)、系绳(ROV)的电源和车库组成。这些着陆器提供了一个支撑平台系统以进行以下多种实验。

图 2.72　基尔大学研发的着陆器集群

(1)天然气水合物稳定性实验；

(2)从声泡成像定量气体流量；

(3)整体底层边界层水流测量；

(4)粒子通量的定量；

(5)大型深海生物活动监测；

(6)沉积物－水界面处的流体和气体流量测量；

(7)沉积物界面处的生物地球化学元素通量(氧化剂、营养物质)。

长期以来,深海监测主要依靠着陆器。着陆器在质量上的变化可以从 200 kg 变化到 2 t 以上。在中期的海洋巡航探索期间,能够使用一周甚至几个月。但今天的海洋科学研究又对着陆器提出了新的要求。科学家们想真正地了解海洋及掌握海洋深渊中的现象,以拟定未来的预测模型。为此,在一个精确的位置部署着陆器进行长时间的实验监测是十分必要的,于是出现了使用长期海底监测台获得四维数据集的新型海洋科学调查模式。虽然这个概念已被提出多年,但较高的投资限制了实施项目的数量,目前只部署了有限的海洋监测平台。只有在强大的社会要求的支持下,才有资金支持这项多学科的方案。

着陆器提供了将实验运送到深海海底既经济又有效的手段,但是仍然存在着以下几个问题。

(1)由于着陆器实验的复杂性、实验过程的长期性和深海环境的特殊性,因此对系统的稳定性和可靠性的要求较高。

(2)由于着陆器所负载科学仪器大多采用自主控制,数据容易丢失;与有缆设备相比,着陆器也容易丢失,因此着陆器的数据和设备的安全性较低。

(3)由于着陆器采用自由落体方式投放,易受天气、深海环境的影响,因此存在无法精确投放着陆器的情况。

(4)由于着陆器的负载能力有限,因此实验仪器的适配性和扩张性普遍受到限制。

(5)由于着陆器受电池续航能力和数据存储容量的限制,因此着陆器部署的期限受到一定限制。

## 2.4　深海精细采样系统技术

深海精细采样系统技术,也称采样辅助系统。由于海洋资源极为丰富,因此研究和勘探海洋资源的意义重大。但海洋里面尤其是深海区的极端环境,是人们无法知道其里面存在的生物、矿产、石油和天然气等资源,以及资源的种类、数量和具体分布位置。深海精细采样系统技术能对深海区的资源进行采样,以此来了解海洋深海区丰富资源的具体种类和分布位置,因此深海精细采样系统技术对于人类更好地了解和勘测海洋具有重大意义。按照采样对象的不同,将深海精细采样系统技术分为以下5类。

### 1. 深海气密采水系统

深海气密采水系统主要包括研制具有气密性的采水器,保证海水样品在采样、回收、转移和存储过程中的气密性,避免不同深度海水之间的混合,减小死区容积对样品的影响,以及避免样品转移过程的污染。气密采水器的材料具有良好的物理化学稳定性,其测控系统操作简便、可靠性高。

### 2. 深海热液保真采样系统

深海热液保真采样系统主要包括热液采样过程中采样器的密封技术、保温保压技术、耐高温防腐蚀技术和采样阀的驱动技术。密封技术保证热液样品在采样、回收、转移和存储过程中的气密性;保温保压技术保证热液在采样过程中始终与采集点有相同的压力和温度;耐高温防腐蚀技术保证采样器的材料具有很强的耐高温防腐蚀的能力;采样阀的驱动技术即研制简单、尺寸小且推力大的驱动器。

### 3. 深海沉积物保真采样系统

深海沉积物保真采样系统主要包括样品的采样技术、采样器的密封技术、保温保压技术和样品转移技术。保证样品的采样技术是从采样到保存的过程中不发生泄漏。采样器具有良好的保温保压能力和气密性,以确保在深海中采集的沉积物无扰动,最终能够获得最接近原始状态的海底表层沉积样品。

### 4. 海底表层多金属矿产采样系统

海底表层多金属矿产资源主要包括多金属结核矿、富钴结壳矿、深海磷矿钙土和海底多金属硫化物矿等。其主要的采样方式为机械手直接抓取,同时机械手还可以安装结核钻机进行小型岩芯的采样作业。结核钻机采用的是金刚石钻进取芯的方式，执行机构由机械手夹持作业，动力机构采用高压水密电机。

**5. 深海岩芯采样技术**

深海岩芯采样技术主要是海底硬岩的钻取、保真技术。其中钻取技术主要研制岩芯探测采样钻机，包括钻机对海底微地形的适应能力问题、钻进深度问题、优化取芯方法和取芯率的问题等。因此，所研制的关键技术包括稳定支撑及调平技术、液压系统与压力平衡技术、优化取芯技术、下放与回收技术。保真技术主要保证样品的完整性。

目前，深海气密采水系统、深海热液保真采样系统、深海沉积物保真采样系统、海底表层多金属矿产采样系统和深海岩芯采样技术的发展现状如下。

**1. 深海气密采水系统**

现如今国内外研究的深海采水器主要是进行深海水样的采集，而较少关注深海气体的保存。目前，深海采水器主要有两种：一种是气密不保压采水器，只要求采集到的气相和液相样品完整保存，没有受到污染，但不考虑收集前后样品所处环境的压力变化；另一种是气密保压采水器，在采用一定的密封技术保证样品不发生泄漏的基础上，采用一定的压力补偿措施，使样品在采集前后压力不发生改变（黄豪彩，2010）。

现在大部分气密采水器都不具备保压功能，如图 2.73（a）所示的 Aqua LAB 深海气密采水器仅具有气密功能，但不具有保压功能。此采水器由美国 Lamont – Doherty 地球检测所和哥伦比亚大学共同研发，最终由美国 Environ Tech Instruments LLC 公司生产。此深海采水器可进行示踪气体分析、深海时间系列采样与高保真短期采样等作业任务。此深海采水器装备有 50 个端口的转阀，一次作业任务可在不同的水层采集 50 个样本，每个水密采水器可储存 1 L 的样本。水体样本储存在气密的铁箔袋中，如图 2.73（b）所示。此采水器的采样深度可达 6 000 m。在采样过程中有两种采样方式：一是采水器按照预先设置好的时间间隔进行全自动采样；二是采水器在其他系统的控制下进行采样，例如 CTD 采水器。

（a）实物照片

（b）气密钛箔袋

**图 2.73　Aqua LAB 深海气密采水器**

美国华盛顿大学研制了一种 Lupton 气密热液采样器，如图 2.74 所示。该采样器利用其气密性结构将采样器腔体内抽成真空，采样阀依然靠机械手的液压缸来进行驱动打开，该采样器在热液采样中也得到了多次的应用。但 Lupton 气密热液采样器的样品处理过程比较复杂，由于没有限制采样流速的机构，样品在采集过程中流速很快，因此容易使周围的海水混入其中。

图 2.74 Lupton 气密热液采样器(John M Edmond 等,1992)

日本东京大学研制了一款旋转式采水器,如图 2.75 所示。该采水器配备 1 个泵和 1 个多通道转阀来控制 6 个采样瓶进行采样工作。活塞的初始位置位于采样瓶底部,采样瓶内部充满蒸馏水,在作业时控制转阀将泵和采样瓶连接,利用泵将蒸馏水抽出,活塞将上升,然后将热液样本抽入采样瓶中。当活塞移动到一半时,便停止采样。在采样器回收过程中,由于外部压力减小,活塞继续向上移动,使采样瓶内外的压力平衡,热液样品中的气体析出后保存在采样瓶中,因此该采样器具有一定气密性。

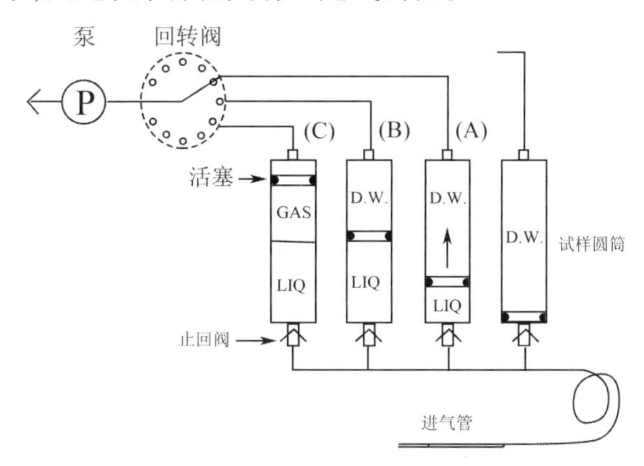


图 2.75 旋转式采水器(Ishiboashi J 等,1995)

日本北海道大学研制了一款 WHATS Ⅱ(Water Hydrothermal - fluid Atsuryoku Tight Sampler Ⅱ)气密采水器(Saegusas 等,2006),如图 2.76(a)所示。此采水器可在 HOV 或 ROV 平台上进行作业。此采水器主要用于深海热液口海水样品采集工作,最大下潜深度为 4 000 m。WHATS Ⅱ 气密采水器配备有 1 根导轨、1 个电机驱动机械手、1 个气动蠕动泵、1 根与钛输入管连接的柔性 Teflon 管、1 个控制单元、4 个 150 mL 的不锈钢采样瓶和 8 个球阀。WHATS Ⅱ 气密采水器近年来曾上百次搭载 Shinkai2000、Shinkai6500 和 Hyper Dolphin 等 HOV 或 ROV 下潜,成功率超过 90%。该采水器搭载在 Shinkai 6500 上,如图 2.76(b)所示。

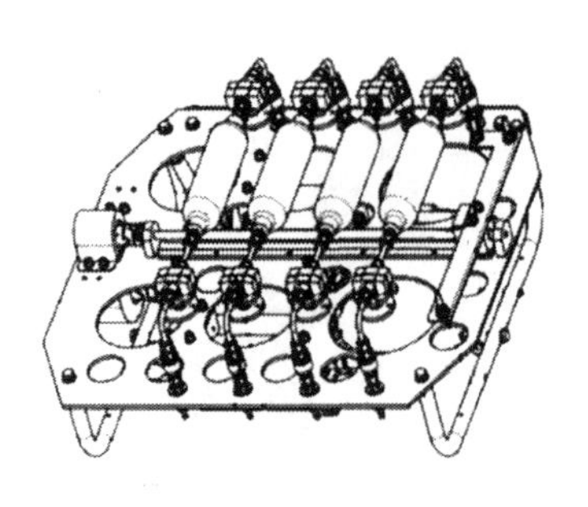

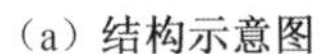

(a) 结构示意图

(b) 安装在Shinkai6500上

**图 2.76　Whats Ⅱ 气密采水器**

美国罗德岛大学和 WHIO 海洋研究所研制了一款为溶解气体分析采集高质量气密海水样品的气密采水器,如图 2.77 所示(Roman C 等,2007)。此采水器安装在 AUV 上进行工作,该 AUV 采水器的尺寸较小,为 12 cm × 85 cm,采样瓶的容积也只有 20 mL,在每次下潜作业中可采集 8 个气密不保压的海水样品,此采水器最深可在 2 000 m 的深度进行作业。

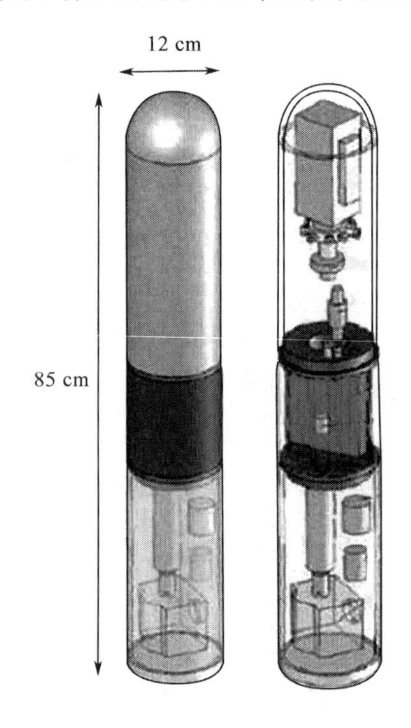


**图 2.77　AUV 上的气密采水器**

美国 MBARI 研究所研制了一款主动式大容量离散海水采样器(Gulper sampler)(Larry E Bird 等,2007),如图 2.78 所示。此采样器主要配备在 AUV 上进行作业。Gulper 采样器为一种注射式采水器,可以在 2 s 内快速完成采样,每个采样瓶为 2 L。在一次作业中,AUV 可装载 10 个 Gulper 采样器。Gulper 采样器配备厚为 1.6 mm,直径为 22.3 mm 的膜,以保证在下潜和上浮过程中的双向压力补偿。Gulper 采样器具有一定的气密性,曾多次搭载在 MBARI 研究所的 AUV 上进行作业,并且成功完成作业任务。

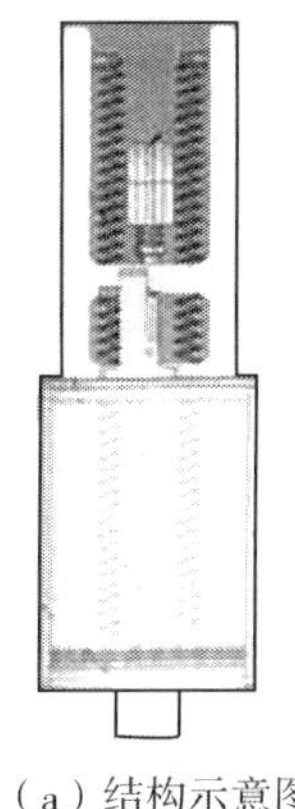

（a）结构示意图

（b）安装在Dorado AUV上

**图2.78　Gulper 采水器(Larry E Bird 等,2007)**

**2. 深海热液保真采样系统**

目前,国际上已经研发了一系列针对深海热液采样的采样设备,这些采样设备通常都搭载在 HOV 或 ROV 上进行作业。例如,Major 热液采样器就常常搭载在美国的“阿尔文”号 HOV 上进行热液采集。Major 热液采样器的作业原理和注射器相似,在采样时将处于最左侧的活塞利用弹簧向右拉,将样品抽取到采样腔内。在作业时,通常配置一对采样器一起使用,这样可以在同一采样地点获取两个样本,提高样本的可靠性,如图 2.79 所示。Major 热液采样器采用机械设备进行采样,采样阀被机械手上的液压缸出发后控制采样器进行采样,经长期的海试作业表明,此设备可靠性高,针对不同环境具有较好的鲁棒性。因其出色的表现现已成为“阿尔文”号 HOV 上的常规设备。但是因其非气密的特点,此采样器不可以用于分析热液中溶解的挥发性和半挥发性气体。

**图2.79　“阿尔文”号 HOV 上的 Major 热液采样器(Von Damm 等,1985)**

由于 Major 热液采样器不具备气密性,因此不能将溶解在热液中的所有气体全部保存起来。美国华盛顿大学针对此问题研制出了一款新型的 Lupton 气密采样器,如图 2.80 所示。这款采样器具有气密性,在采样前将腔体内抽为真空,依靠机械手的液压缸来控制采样阀,以此来进行采样。此款采样器在热液采样作业中得到了几次应用,但由于其处理样品的过程较为复杂,而且没有配备可以降低流速的控制设备,在进行样品采集时会因样品流速过快而与周围海水发生混合。

**图 2.80　Lupton 气密热液采样器(Edmond 等,1992)**

美国伍兹霍尔海洋研究所针对上述采样器的优缺点进行研究,改进并研制出了一种气密保压的热液采样器,如图 2.81 所示。此采样器设置有 2 个独立的腔体结构,其中 1 个预先存放氮气用以蓄能,蓄能腔可以在腔体发生微小的体积变化或样品被少量取出时保证采样器内的样品不会发生较大的压力变化。采样器还在 2 个腔体之间设置了 1 个阻尼孔,用于降低采集样品时样品的流速,以免在采集样品时样品与周围海水发生混合。此采样器还将采样阀的控制机构从机械手转换为电机驱动,使采样器的使用变得更加方便。

**图 2.81　气密保压的热液采样器**

以上 3 种热液采样器是目前国际上使用相对成熟的采样装备,在采样原理和性能上都较有代表性。与 Major 热液采样器采样原理类似,Naganuma 等人(Nagauma 等,1998)使用记忆合金弹簧来驱动采样阀和采样腔的活塞来采样。因为该采样器不气密,而且只能采集温度较高的热液,其性能受到了限制。此外,Malahoff 等人(Malahoff 等,2002)研制的一套采样装备利用自主加热方式来维持样品的温度,以便对热液中的耐高温微生物进行研究;

Phillips 等人(Phillips H 等,2003)研制的一套称为 LAREDO 的采样装备在采集热液后,能停留在热液口对样品进行一段时间的培养,其主要目的也是为了研究高温微生物。

上述各种热液采样装备在一次下潜中的常规状态下,只能采集一个样品。为了采集多个热液口的样品或对同一热液口采取序列采集,国外还开发了一些热液序列采样器。例如,日本的一种多瓶采样器配备有1个泵和1个多通道转阀对6个采样瓶的采样进行控制。该采样装备的每个采样瓶内都有一个活塞,初始状态时活塞位于采样瓶底部,采样瓶上部装有蒸馏水,采样时控制转阀把泵和采样瓶接通,当泵抽取蒸馏水时,活塞因压强向上,从而把热液样品进入采样瓶。当活塞移动到一半时采样终止。在采样器回收过程中,因为采样器外界压力减小,活塞将持续向上,这样采样瓶内部与外界压力相同,热液样品中的气体析出后保存在采样瓶中,所以该采样器具备气密性,但不能保压。

与多瓶采样器相似,美国 Taylor 等人(Taylor 等,2006)研制的一种自动微生物采样器(简称 AMS)也是使用1个多通道的转阀对6个采样瓶的采样进行控制。该采样器与其他采样器有区别的地方是 AMS 的采样瓶内没有活塞,每个采样瓶都有独立的1根采样管,采样管的顶端有1个密封帽,避免采样前周围海水混入。此外,该采样管还增加了1个用来脱帽的泵,如图2.82所示。采样时先用该泵抽取无菌去离子水把采样管上的密封帽冲开,而后再利用采样泵抽取热液样品进入采样瓶。正是因为如此,AMS 能很好地避免样品的相互污染,其主要目标是采集热液中无污染的微生物,因而未对样品的气密性和保压性进行考虑。

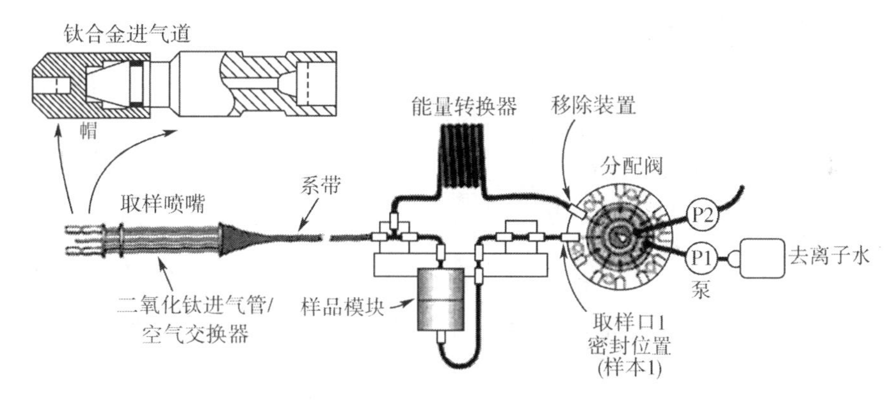


**图2.82 热液口生物采样器(Taylor 等,2006)**

Behar 等人(Behar 等,2006)报道的一种热液口生物采样器(hydrothermal vent biosampler,简称 HVB)也是利用1个多通阀来对不同的采样瓶进行控制,并使用一系列尺寸不相同的过滤膜来完成对热液中微生物的采样与浓缩,如图2.83所示。

Saegusa 等人(Saegusa 等,2006)研制的多瓶气密采样器 WHATS Ⅱ也是使用泵来抽取热液,如图2.84所示。与以上三种序列采样器不相同的是,WHATS Ⅱ利用8个球阀来对4个采样瓶的采样进行控制,每个球阀能在40 MPa的压力下保持良好的工作状态,并具备良好的密封性,但球阀的驱动机构显得相对复杂。WHATS Ⅱ具备良好的气密性,但由于未对该采样器进行压力补偿,因而不能使样品维持原位压力(即采样深度的静水压力)。此外,Jannasch 等人(Jannasch 等,2004)依据半透膜的原理设计了一种能长时间连续采集小体积水样的自动采样器,即 OsmoSampler。OsmoSampler 能够执行从数周至3年的持续作业,在长期连续采样中有显著的优势。但其缺点是不具有气密性;采样速度易受温度等原因的影响;采样容积小,对低浓度的物质进行分析时相对困难。

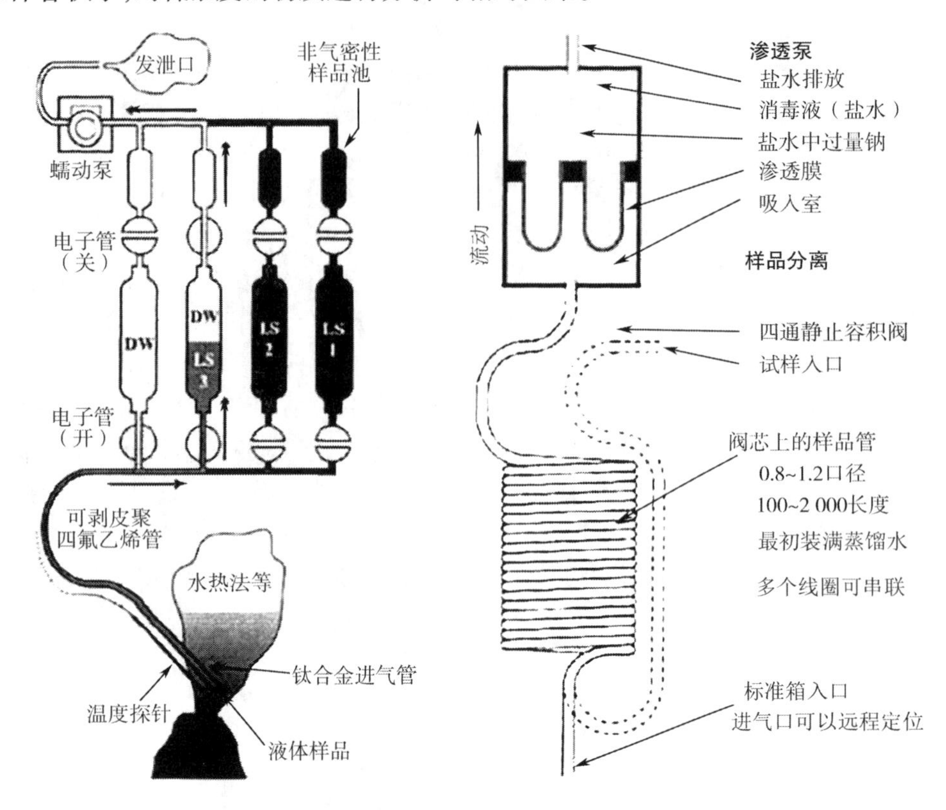


**图 2.83 WHATS Ⅱ 原理示意图(Saegusa 等,2006)**

### 3. 深海沉积物保真采样系统

深海沉积物保真采样系统的主要应用范围是:(1)海底矿产资源勘探,包括探测石油和天然气水合物等海底新能源;(2)生物样品的采集;(3)进行工程作业,例如海岸工程勘查,航道勘查,海底隧道地质勘查,海底电缆、光缆、输气管道、输油管道线路勘查等海洋工程地质勘查;(4)全球气候及环境研究,海底采样也是研究气候和环境变化的重要手段;(5)进行海洋地质学研究,包括海底地形地貌、海洋地质构造等;(6)进行海洋地质填图,为划定经济专属区和大陆架界限提供依据(秦华伟,2005)。

国内外使用的深海沉积物保真采样器主要有国际大洋钻探计划(ODP)采用的活塞采样器(Advanced Piston Corer,APC)、保压取芯器(Pressure Core Sampler,PCS),国际深海钻探计划(DSDP)采用的保压采样筒(Pressure Core Barrel,PCB)、HYACE 的旋转式采样器(HY – ACERotaryCorer,HRC)及日本研制的 PTCS。各保真采样器主要技术指标与保压、补压方式,见表 2.3。国内外还有一些用于常规石油天然气取芯的压力密闭取芯器,可用于对含水合物的沉积物进行保压取芯,例如 ESSO – PCB、Christensen – PCB、美国研制的 PCBBL、中国研制的 MY –5 等。但保压、保温性能技术指标与 ODP – PCS、DSDP – PCB、日本研制的 PTCS 相比还存在差距。

**表 2.3　保真采样器主要技术指标与保压、补压方式表(黎永发,2016)**

| 类型 | 主要指标 | 保压、补压方式 |
| --- | --- | --- |
| ODP - APC | 采样长度可达 9.6 m,直径 86 mm;<br>不能主动保温;<br>采样时同时测量样品温度;<br>液压驱动,缆绳提取 | (1)工作压力不超过 14.4 MPa;<br>(2)保压方式:无;<br>(3)补压方式:无 |
| ODP - PCS | 采样长度可达 86 cm,直径 42 mm;<br>不能主动保温;<br>不能无压降处理;<br>液压驱动,缆绳提取 | (1)工作压力达 70 MPa;<br>(2)保压方式:旋转球阀;<br>(3)补压方式:蓄能器 |
| DSDP - PCB | (1)采样长度可达 6 m,直径 57.8 mm;<br>(2)不能主动保温;<br>(3)在不打开采样筒的情形下,可直接测量样品压力和温度等;<br>(4)机械式驱动缆绳提取 | (1)工作压力不超过 35 MPa;<br>(2)保压方式:旋转球阀;<br>(3)补压方式:高压氮气储气室、压力调节器、阀门组机构 |
| DSDP - HRC | (1)采样长度可达 1 m,直径 50 mm;<br>(2)不能主动保温;<br>(3)可直接进行磁导率、电导率、P 波速、伽马射线的扫描测量;<br>(4)冲击式采样,缆绳提取;<br>(5)可用于硬岩质岩化沉积物 | (1)工作压力不超过 25 MPa;<br>(2)保压方式:高压腔室上端活塞密封,下端翻板盖密封;<br>(3)补压方式:蓄能器 |
| 日本 - PTCS | (1)采样长度可达 3 m,直径 66 mm;<br>(2)采用绝热型内管和热电式内管冷却方式进行主动保温;<br>(3)不打开采样筒,可直接测量样品压力和温度等;<br>(4)旋转采样,缆绳提取 | (1)工作压力在 30 MPa;<br>(2)保压方式:旋转球阀;<br>(3)补压方式:蓄能器 |

下面主要对 ODP - PCS 和 DSDP - PCB 进行简述。

### 1. ODP - PCS 保压取芯器

ODP - PCS 保压取芯器是一种自由下落,液压驱动,钢缆回收的保压取芯筒(岳发强等,2013)。它能够独立作业,也可以使用现有的中空钻杆完成深层沉积物采样。PCS 由以下 6 个部件组成。

(1)可分离的采样管;

(2)可维持原位压力的球阀组件;

(3)用来固定球阀及将采样筒拉进采样器的动作筒组件;

(4)用来把扭矩传递到 PCS 的切削管靴处的锁机构;

(5)用于保持采样筒中压力的允许液和蓄能器;

(6)用于气体分析的管路组件。

ODP－PCS 结构图如图 2.84 所示。

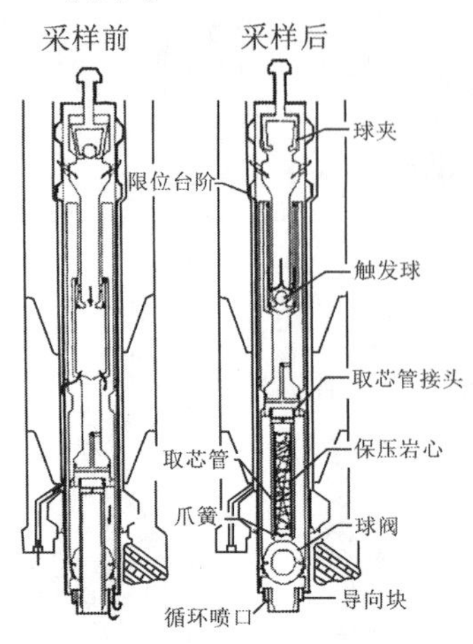


**图 2.84　ODP－PCS 结构图**

ODP－PCS 保压取芯器采样完成后,能够在实验室中使用如图 2.85 所示的 ODP－PCS 卸压设备进行沉积物中气体成分和含量的分析。

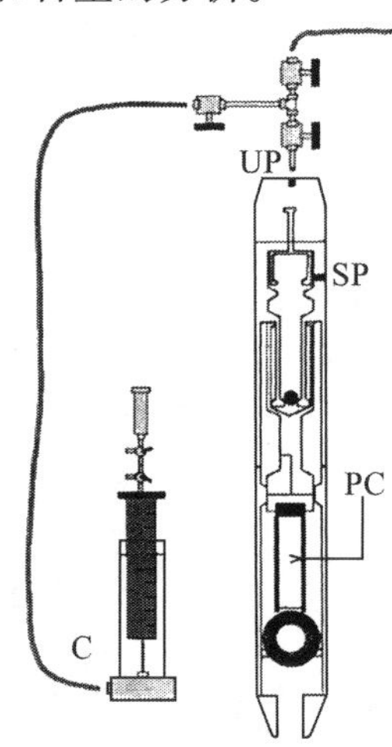


**图 2.85　ODP－PCS 卸压设备**

ODP－PCS 样品直径为 43.2 mm,长为 990 mm。采样器长为 1.5 m,外径为 99.2 mm,可保持最大压力为 69 MPa。其缺点是样品直径较小且不能在采样结束后,无压降地把样品取出来供后续实验室分析。

ODP－PCS 的不足有以下两点。

(1)取芯率比较低,没有解决保温问题;

(2)在采样完成后,把样品取出来供后续实验室进行实验分析的时候不能保持样品的压强。

**2. DSDP－PCB 保压采样筒**

DSDP－PCB、ESSO－PCB、Christensen－PCB、美国 PCBBL 与大庆 My215 的结构和构成

大致相似，均使用双管单动式取芯筒。除 DSDP - PCB 外，其他几种取芯筒需要利用提钻提取，而 DSDP - PCB、ODP - PCS 和日本 PTCS 则是通过绳索完成提放内取芯管，不再需要提钻进行提取。除此之外，这类取芯工具与 ODP - PCS、日本 PTCS 的区别之处在于 DSDP - PCB 与其他设备相比较长(4.5 ~ 10.0 m)，故需较大的卸压设备，且芯样需切割内管封装储存，而 ODP - PCS 的芯样则较容易进行保存。

保压采样筒 PCB 的特点是保压能力较好，构造较为复杂，不便于后续设备分析，而且操作麻烦。

### 3. HYCINTH 系统

HYCINTH 系统是为海底钻探保压天然气水合物、沉积物和深海生物研究而研制设计的。为了适应各种海底沉积物地质条件进行作业，HYCINTH 系统开发了两套不同的保压采样器，如图 2.86 所示，一套是冲击式采样器 FPC，另一套是旋转式采样器 HRC。前者适合进行非岩性沉积物的采样，如软泥、沙砾、细沙等；后者使用范畴更宽，还可用于硬质岩化的沉积物采样。同时，冲击式采样器 FPC 和旋转式采样器 HRC，在设计时对采样器与实验室压力腔之间的配合对接进行了考虑，以便进行样品的保压转移、保存和后续研究。

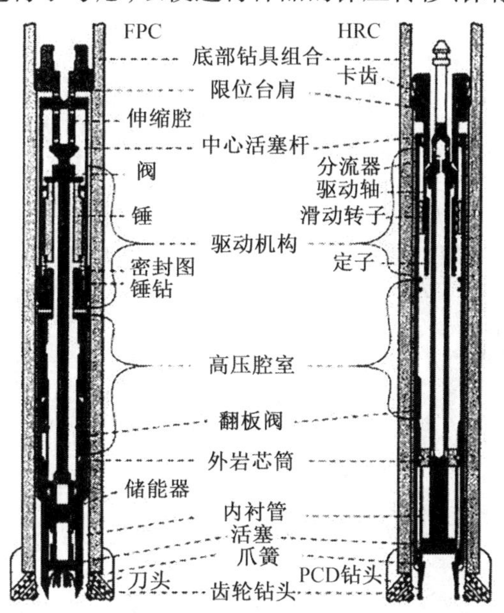


**图 2.86　冲击式采样器 FPC 和旋转式采样器 HRC**

冲击式采样器 FPC(图 2.86 左)利用循环流体泵带动的水锤驱动采样管前端钻头进入沉积物土层采样。采样的深度达 1 m，采样的样品直径可达 57 mm(内衬管的外径为 63 mm)。待采样完成，缆绳将样品衬管拉入高压腔室。经特殊设计的翻板阀在样品进入高压腔室后将腔室进行密封。冲击式采样器 FPC 的保压性能可达 25 MPa。旋转式采样器 HRC(图 2.86 右)由柏林工业大学和克劳斯塔尔工业大学一同研发，利用循环流体泵驱动的反向单螺杆马达旋转带动钻头伸入沉积物层采样。旋转式采样器 HRC 采用了一种很薄韧且材质为多晶金刚石(PCD)的旋转刃口作为刀头，这样能够让样品在未接触到冲洗液之前就进入内衬管，防止样品受到污染。采样的深度为 1 m，采样直径为 51 mm(内衬管的外径为 56 mm)。采样完成后与冲击式采样器 FPC 相同，利用翻板阀对高压腔室进行密封。

旋转式采样器 HRC 的保压能力也是 25 MPa。

**4. 海底表层多金属矿产采样系统**

国外在深海运载器载体研究方面起步较早，相应的配套作业工具也较为先进。深海原位岩芯采样钻机是获取海底岩芯样品的主要作业工具之一，可以在海洋大陆架表层进行地质钻探、采样和矿物资源调查。

美国的“阿尔文”号 HOV 曾于 1991 年 10 月携带 HSTR 取芯器完成了 480 mm 的岩石样品的采样作业任务，如图 2.87 所示。1995 年 Harbor Branch 海洋研究所为美国海洋工程技术协会研制了 7 000 m 级的取芯器，曾安装在“Magellan”号 ROV 上，在 3 000 m 以下的深海里取得多个岩芯样品。俄罗斯“APTYC”号深海运载器也配备便携式取芯器，可在 VII－X 级花岗岩、玄武岩及其他硬岩上钻取岩芯，取芯器为 30 kg。除此之外，英国的“CONSUB”号、法国的“ST－I”号和日本的“Shenkai6500”号 HOV 都曾搭载过水下微型取芯器对岩石完成采样作业。

**图 2.87 “阿尔文”号 HOV 搭载的 HSTR 取芯器**

国内外基于深海运载器的海底岩芯微型采样钻机统计情况，见表 2.4。

表2.4 国内外基于深海运载器的海底岩芯微型采样钻机统计情况

| 名称 | 技术指标 | 岩芯样品参数 | 搭载平台 |
| --- | --- | --- | --- |
| 美国－Hstr取芯器 | (1)下潜深度为5 000 m;<br>(2)质量为35 kg;<br>(3)液压驱动 | 取芯长度为480 mm的岩石样品 | 搭载"阿尔文"号HOV |
| 美国－7 000 m级取芯器 | (1)下潜深度为7 000 m;<br>(2)液压驱动 | 可同时钻取多块岩石样品 | 搭载"Magellan"号遥控无人潜水器 |
| 俄罗斯－便携式取芯器 | 长1 160 mm;<br>质量为33 kg;<br>转速为1 000 r/min;<br>钻进深度为200 mm;<br>钻头直径为25 mm | 可钻取5块岩石样品 | 搭载"Aptyc"号运载器 |
| 英国－"Consub"号微型取芯器 | 下潜深度为3 000 m;<br>液压驱动 | 具体参数不详 | 搭载"Consub"号运载器 |
| 法国－"ST-1"号微型取芯器 | 下潜深度为2 000 m;<br>液压驱动 | 可钻取花岗岩、玄武岩,以及其他硬岩 | 搭载"ST-1"号运载器 |
| 日本－"Shinkai 6500"号微型取芯器 | 下潜深度为6 500 m;<br>液压驱动;<br>金刚石钻头 | 取芯长度为200 mm,可钻取花岗岩、玄武岩,以及其他硬岩 | 搭载"Shinkai 6500"号运载器 |
| 中国－"蛟龙"号微型取芯器 | 下潜深度为7 000 m;<br>质量为45 kg;<br>转速为800 r/min;<br>液压驱动 | 取芯直径为30 mm,长度为150 mm | 搭载"蛟龙"号 |

海洋勘探采样技术曾一度被认为,只有像美国、日本等国家才可以开展研究的。因为这些在海洋勘探采样技术领域先进的国家都设置了技术屏障,将所有技术保密,对外只提供技术支持服务而不对外参观学习,所以由于深海采样技术起步较晚,又不具备自主知识产权,我国有关海洋科学研究及海洋资源开发仍有较大的差距。国外常用的深海采样设备及主要性能,见表2.5。

表2.5 深海采样设备及主要性能

| 采样设备 | 主要性能 |
| --- | --- |
| 德国研制的一种新型大洋监测勘探系统 | (1)采用壳式抓样器、叉形采样器和橘皮状采样器,分别探取海底原状沉积物、松散沉积物,以及块状硫化物或表层矿物;<br>(2)工作水深可达6 000 km |

续表

| 采样设备 | 主要性能 |
| --- | --- |
| 日本研制的一种可在深海作业的机器人 | 下潜深度为 3 500 m；<br>可探取海底 3 ~ 5 m 岩芯；<br>主要用来探测海底矿物 |
| 美国研制的一种新型液压活塞取芯器 | (1)可在干扰很低的情况下，钻取海底长达 200 ~ 300 m 的柱状岩芯；<br>(2)延伸式岩芯筒适合采取软硬互层的沉积物和基岩 |
| 澳大利亚研制的一种便携式海底遥控钻机 | (1)下潜深度为 2 000 m；<br>(2)采用旋转式钻进，可进入的沉积物深度最高达 150 m；<br>(3)岩芯采样率高达 100% |
| 芬兰研制的一种新一代深海底岩芯采样器 | (1)适合采集深海大面积分布的硫化物软岩；<br>(2)可在水深 4 000 m 的海底钻取长达 50 m 的地质岩芯；<br>(3)可在水深 5 000 m 的海底勘探锰结核；<br>(4)每 3 m 长的岩芯，最多可采样数量达 34 个；<br>(5)地质岩芯的直径为 52 mm |

### 5. 深海岩芯采样技术

1986 年美国华盛顿大学委托威廉姆逊公司研制了世界上首台深海岩芯采样钻机，如图 2.88 所示。该岩芯长为 33 mm，钻头类型为镶金刚石的岩芯钻头，钻机三角形底座宽为 3 m，高为 5 m。

**图 2.88　深海岩芯采样钻机(Freudenthal T 等,2009)**

1996 年日本金属矿业事业团委托美国威廉姆逊公司设计制造了世界上首台海底中深孔岩芯采样钻机 BMS，如图 2.89 所示。该钻机的作业深度为 500 ~ 6 000 m，钻深能力为 20 m，岩芯直径为 36.4 mm 以上，其外形尺寸长为 4.42 m，宽为 3.6 m，高为 5.48 m。

**图 2.89　海底中深孔岩芯采样钻机 BMS（Spencer A 等，2007）**

英国地质调查局 BGS 于 2005 年自行研制了海底中深岩芯采样钻机 Rock Drill 2，它是目前世界上使用频率和钻孔成功率较高的一种，如图 2.90 所示。海底中深孔岩芯钻机。该钻机的作业深度为 3 100 m，单根取芯长度为 1.5 m、钻深能力为 15 m、岩芯直径为 49 mm。

**图 2.90　海底中深岩芯采样钻机 Rock Drill 2（P. Sven 等，2005）**

澳大利亚海底地球科技公司委托美国威廉姆逊公司于2003年成功研制了世界上第一台海底深孔岩芯采样钻机Prod，如图2.91所示。该钻机的作业深度为2 000 m，最大钻深能力为125 m，沉积物压入式取芯直径为44 mm，硬岩旋转钻进取芯直径为35 mm，钻机的外形尺寸长为2.3 m，宽为2.3 m，高为5.8 m。

**图2.91　海底深孔岩芯采样钻机Prod(P. Kelleher,2008)**

2005年德国不来梅大学海洋环境科学研究中心成功研制了海底深孔岩芯采样钻机MeBo，如图2.92所示(Freudenthal T等,2007)。该钻机的作业深度为不超过2 000 m，最大钻深能力为50 m，沉积物压入式取芯直径为84 mm，硬岩旋转钻进取芯直径为74 mm(带套管)，硬岩旋转钻进取芯直径为80 mm(不带套管)，其外形尺寸长为2.3 m，支腿收回时为2.6 m，高为6.6 m。

**图2.92　海底深孔岩芯采样钻机MeBo**

2006年第一季度的勘探作业中，Nautilus还同时应用钻探船进行了岩芯钻探采样。此次采用的钻探船为“DP Hunter”号大洋钻探船，如图2.93所示。

**图2.93　“DP Hunter”号大洋钻探船**

“DP Hunter”号大洋钻探船船旗为圣文森特和格林纳丁斯，船籍港为金斯顿，1978年由新加坡Far East Livingstone造船厂制造，2002年在波兰进行了改造。船长为104 m（包括锚架），船舶垂线间高为95.2 m，船宽为18.8 m；排水量为8 150 t，总载重量为4 500 t，船舶总吨位为4 070 t，净吨位为1 221 t；船体全速航行速度为11.5 kn；月池大小为7.6 m×6.1 m。

此次勘探中，Nautilus在“DP Hunter”号大洋钻探船的船体中心月池上安装了由英国Century Subsea and Seacore公司制造的SeaCore R100钻塔，该钻塔重达100 t，具有80 t升沉补偿能力，如图2.94所示。

**图2.94　SeaCore R100钻塔（戴瑜等，2008）**

钻探过程中，依据不同特性的钻取材料使用了多组取芯器。对于松软沉积物，采用液压活塞取芯器；对于岩石，采用延长的鼻头装置。岩芯管直径为61 mm，封装于钻头内部，其外部的绞刀式钻头直径大于200 mm。所有的钻孔均为垂直钻入，钻孔的数量和分布与陆地上进行的钻探类似。此次岩芯采样共完成42个钻孔,总长为380.95 m,其中仅有34个为有效钻孔采样,回收总长为15.22 m,平均回收率仅为41%,回收的岩芯钻孔样品,如图2.95所示,样品显示了钻探船钻探采样较低的岩芯回收率和硫化矿易碎的特性。

图2.95 回收的岩芯钻孔样品

对于银矿山型SMS矿床,钻探船岩芯钻探采样的回收率较低。因此,意味着对这些样品的测定并不能代表银矿山型SMS矿化物的真实品位等级,也不能作为资源评估的依据。尽管这样,通过钻探获得的样品分析结果表明,其各种矿物的平均等级与早前进行的科学计划、挖掘采样、抓斗采样获得的矿石品位相比,在很大程度上类似。

目前,深海气密采水系统、深海热液保真采样系统、深海沉积物保真采样系统、海底表层多金属矿产采样系统和深海岩芯采样技术的发展趋势如下。

**1. 深海气密采水系统**

(1)气密技术

采水器在采样完成回收的过程中,随着采水器的升高,采样器内的压力高于采样器外的环境压力,这时采集到的气体样品和海水样品容易在压力差作用下产生泄漏,从而降低采样器的气密性,大大影响了样品在进行后续研究的精度和可靠性,因而要求采水器的气密性能较好,海水样品中的气体溶解度会随着温度、盐度和压力的变化而变化,特别是在气体异常区,海水样品向上提高时会有气体溢出,这给密封设计带来相当大的技术难题。如何提高采样器在进行海水样品的采样、回收、转移和存储过程的气密性,是气密采水器首要的重要技术难点。

(2)防污染技术

在深度变化时样品在采样器中容易混合,加上采水器一般都存在相当数量的死区容积,使采集到纯的指定深度的海水样品存在不小的难度。并且样品在转移过程中也容易受到污染,因此如何防止不同深度海水之间发生混合,尽量减小死区容积对样品的影响,以及避免样品转移过程受到污染,也是气密海水采样急需攻克的技术难点之一(黄豪彩,2010)。

(3)防腐蚀技术

采水器在海洋中会受到海水的腐蚀,因而要求用于气密采水器的材料需要具备良好的稳定性,如何选择合适的采样器材料并完成防腐蚀设计也是确保样品保真度的主要难题之一(吴世军,2009)。

(4)采水器控制技术

气密采水器利用CTD采水器来进行采样的控制,能够在指定深度可靠地控制采水器的开闭是决定采样成败的重要条件。现有的 CTD 采水器测控系统将测量与控制设置成两个操作界面,而且操作复杂,科研人员需要通过专门训练后才可以使用,且容易出错。如何研制出操作简便、可靠性高的测控程序,是研制气密采水器所面临的又一技术难点(黄豪彩,2010)。

**2. 深海热液保真采样系统**

因热液喷口大部分存在于 2 200 ~ 2 800 m 的深度,部分热液口的深度可达 4 000 m,因此压力较高,并且热液的温度很高(最高可达 400 ℃),因其低 pH 值和高盐度的特性使得热液具备很强的腐蚀性。此外,热液口温度梯度大,往往存在有大量的浓烟,可见度差,并且热液含有高浓度的颗粒物,这些极端环境给深海热液采样带来了极大的技术困难。保真采样需要保证样品成分的纯净度,即要求采集到的为气密样品高纯度,无污染,深海热液的保真采样同时面临着如下一些技术难题。

(1)高温高压密封技术

只有维持样品的原位压力才能获取保真的热液样品,使样品中各组分的性质不发生改变,即处于气压一相状态。热液采样器除了需要进行压力补偿外,密封性能好也是保持压力的重要方法。为了保持样品的纯度,要求采样前不能有海水渗入采样器,因而要求采样器具备在水下高压强差情况下的双向密封性能,而热液的高压、高温、强腐蚀特点和热液中的高浓度颗粒物都给密封设计带来相当大的技术难题,特别是采样阀上的双向动密封问题是一切热液保真采样器面临的一大技术难点。

(2)防污染技术

热液喷口处的温度梯度很大,热液与喷口处的海水产生混合,使得采集高纯度的热液存在很大的困难。并且采样器都存在相当一部分的死区容积,死区容积里的预充水也会影响到样品的纯度。如何尽量减小死区容积对样品的影响以及采样时减小喷口处海水的吸入是采集高纯度热液需要攻克的技术难点之一。

(3)防腐蚀技术

如前所述,热液有很强的腐蚀性,因而需要用于热液采样器的材料具备较好的物理化学稳定性,钛和黄金是目前能用于高温热液口的最佳材料,但采样器上往往还需要非金属的密封材料,如何确定合适的采样器材料并设计防腐蚀结构也是确保样品保真度的主要难题之一。

(4)采样阀深海驱动技术

热液采样器利用采样阀来进行采样的控制,采样阀能够在控制中被可靠地打开和关闭是采样成败的重要条件。采样阀的驱动器除了要具备较高的可靠性外,还应具有尺寸小、重量轻的特点。序列采样器的采样阀依靠电控的驱动器进行控制,因采样器通常自带电池供电,为了增加采样器在海底的作业时间,应尽量降低采样阀驱动器的能耗。因而,采样阀驱动器的高可靠性、小尺寸、低质量和低能耗设计是研制热液采样器所面临的又一技术难点(吴世军,2009)。

**3. 深海沉积物保真采样系统**

(1)无扰动接触采样的技术

对于深海沉积物,保真采样有两层意思:采样中样品的形状不会因扰动发生变化,且压力、温度在一定范围内波动。事实上,这二者可能是同一情况的两种表现而已,样品外形上的扰动也就表示着其压力可能已经变化。以前的沉积物采样设备都是利用机械机构完成释放,直接进行采样,对沉积物产生的扰动比较大,并且容易发生二次插拔(如前所述);则要求采样器进行沉积物无扰动采样使用可控操作,这就要求采样器具备水下动力。

(2)样品无扰动现场保压技术

在样品保存中同时保压是无扰动采样的一个重要问题。在已有的沉积物保真采样的基础上加以改良,开发无扰动现场高保压技术,保障样品保压过程中的防振动、防粘连、防脱落、导流等相关性能(李峰,2008)。

#### 4. 海底表层多金属矿产采样系统

目前采用机械手抓取海底表层多金属矿产的采样技术已经相当成熟,目前多金属矿产采样的难点主要是基于 ROV 或 HOV 上机械手安装夹持的结核钻机的研制,要求结核钻机应具有以下几项特性。

(1)高切削效率、强排屑能力、耐磨性和耐温性;

(2)低功耗,在特定地钻进操作下,钻进消耗功率小;

(3)高强度,结核钻机能够突破硬质岩层的能力,且不出现钻头钻机钝化、烧钻等现象;

(4)保真性,结核钻机应具有钻取岩石碎块、防止碎块丢失的能力。

这些特性对结核钻机的要求非常高,也是研制结核和小型岩芯采样技术的主要难点(杨磊等,2005)。

#### 5. 深海岩芯采样系统

(1)稳定支撑及调节技术

稳定支撑及调节技术:由于海底表面并不是平整的,特别在热液硫化矿区,海底地形地貌更是复杂。而且,海底岩芯采样钻机不能像陆地钻机那样,进场前先人工平整场地,再通过地脚螺栓与地面固定。以现有的海底地形探测与定位手段,可以事先测量并选定海底岩芯采样钻机着陆点较大尺度范围(不小于 10 m)的地形地貌,但着陆点小尺度的微地形则需要钻机近底后通过寻址摄像信号目测确定。通常情况下钻机着底后都是倾斜及不稳定的,这就需要依靠其自身的重量在海底坐稳。为了保证钻具能够垂直钻入海底地层,海底岩芯采样钻机一般都设计了动力可调的支腿,利用这些支腿起到底盘调平和稳定支撑的作用。

(2)取芯技术

海底岩芯采样钻机的取芯技术有两种方案:即提钻取芯方案和绳索取芯方案。提钻取芯方案的结构相对简单、设计难度较小、对传感器个数和精度要求相对较低,同时,提钻取芯方案可靠性高、机构便于实现自动控制,因此在海底浅孔、中深孔岩芯采样钻机中使用范围较广。绳索取芯方案较提钻取芯方案的优势主要表现在当钻孔深度较深时,辅助作业效率高且作业时间较短,同时对孔壁的护壁作用较好,岩芯样品品质较高。

(3)液压系统与压力平衡技术

基于减小质量、体积、便于自主控制等方面的原因,海底岩芯采样钻机一般都使用全液压动力头,能够完成钻进的两个基本动作:钻杆钻具的回转和进给。在海洋中每下潜 100 m,压力大概增加 1 MPa,在数千米的海底将有高达数十兆帕的压强。为使深海液压系统不被如此高的海底压强压垮,而且能够进行作业,海底岩芯采样钻机需要采取一定的措施来平衡压力。

(4)保真技术

深海矿产资源的勘查开发、深海生物地球化学循环、生物以及海洋基础科学等多方面的研究,均需要获得直接有关深海岩层赋存的各种自身及环境信息的高质量保真样品。因此人们对深海硬岩采样技术进行了不断的研究,从非保真采样技术发展到保真采样技术,取得了很多新的进展,但仍是研究岩芯采样的难点之一(刘德顺等,2014)。

## 2.5 深海原位监测探测传感器技术

深海原位监测传感器仪器系统,也称传感探测辅助平台。该传感器仪器系统作为重要的感知技术手段,可为其他平台提供必要的技术支持。传感器通常集成于其他平台,实现物理要素及其他参数的探测功能。

在移动及半移动平台方面,以深海运载器为代表的装备平台广泛应用各种传感器,实现必要探测功能。如丁抗博士(Ding K 等,1995)等人利用氧化铱微电极制成的 pH 传感器在实验室内和现场观测试验中取得了与理论预测完全吻合的测量结果,该 pH 传感器配置于阿尔文号载人潜水器,是世界上第一个在火山热液口直接进行原位 pH 探测的传感器。另外,丁抗博士(Ding K 等,1996)等人还采用固态探头,用金、银硫化物电极($Ag_2S$)首次在安得维尔地区水深 2 200 m,温度 370 ℃热液环境下探测了热液流体中溶解态 $H_2$ 与 $H_2S$ 的浓度。Luthe 等人(曹志敏等,2006)采用镀金甘汞固态伏安电极在热液活动区对 $H_2S$ 和 FeS 进行了定量测量。除固态 $H_2$ 探头外,由 JohoFrantz(曹志敏等,2006)提出的基于半穿透性贵金属膜(Au50Pd50)的传感器研制也有了较大突破。2000 年 9 月,该传感器在胡安德富卡洋脊安得维尔地区五个不同区域记录到了 0.1 bar① 范围的氢压力,比原先认为与扩张中心 MORB 平衡的流体氢逸度低得多。深海热液环境化学探测中比较著名的化学分析器还有 SCANNER、MCA - 2000、GAMOS - I,II、SUAV、AlS E 和 ALCHIMIST 等。

对于专门针对深潜器平台搭载的热液测量与采样系统,也有许多研究机构对其进行了研究与开发。美国科学家通过在潜器上搭载侧扫声呐和光学系统,得到了热液喷口的扫描图像,其光学系统的照片与侧扫声呐数据处理后照片,如图 2.96 所示。但此方法代价昂贵,工作效率低。

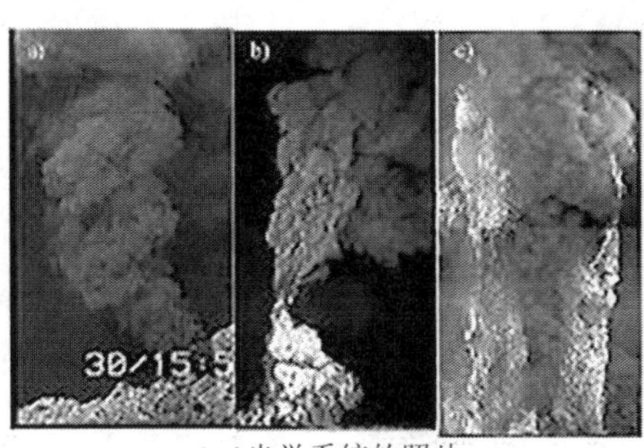

(a)光学系统的照片

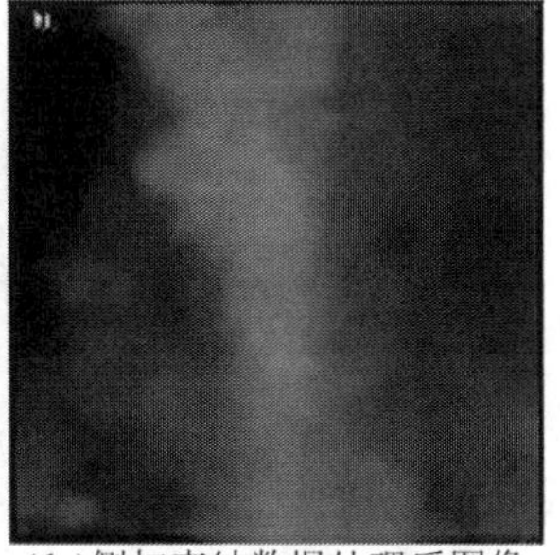

(b)侧扫声纳数据处理后图像

**图 2.96 美国热液喷口扫描光学传感探测**

① 1 bar = $10^5$ Pa。

目前人类对海洋，尤其是深海的认识依然不足，海底监测网络能够长期、实时、连续地获取所监测海区的海洋环境信息，已经成为人类探测海洋的重要平台，这为人类认识海洋变化规律，提高对海洋环境和气候变化的预测能力提供了技术支撑。目前国际上已有的比较著名的海底监测网络有加拿大的东北太平洋海底时间序列监测网、维多利亚的海底实验监测网络、美国的蒙特利湾加速研究系统等，针对上述监测系统也配置了不同类型的传感器，通过应用需求的驱动，实现功能化进步也可作为传感器未来发展参考。

**1. 美国**

美国海军自冷战时期就对海底监测网络技术开展研究，早期建造了一些单节点式的海底检测系统，如 SOSUS（杜立彬等，2014），LEO－15（C. S. Glenn 等，2005），H2O（R. A. Jr. Petitt 等，2002）等。以 L EO－15 系统为例，其上搭载了多种传感器，进行海洋学数据的观测。主要的传感器有：用于测量海水流速、流向、温度、盐度的遥控环境检测节点；用于测量海水电导率、温度和深度的 CTD；用于测量海流状况的 ADCP；用于测量海水温度、盐度、深度、荧光和海流的 5－4 海流仪；测量温度、盐度和海流物理参数的浮标；用于水下拍摄的照相机；用于检测叶绿素和溶解有机物、荧光、光谱光反向散射的光学剖面节点。

美国于 20 世纪 90 年代末提出名为 NEPTUNE（North East Pacific Time－Series Undersea Networked Experiment）海底监测网络计划（J. R. DELANEY 等，2000），之后，加拿大的科研机构也加入其中，共同开展海底检测网络技术的研究。两国的科研人员为确保 NEPTUVE 计划的顺利建成，分别建立了 MARS（Monterey Accelerated Research System）（杜立彬等，2013）和 VENUS（Victoria Experimental Network）（杜立彬等，2013）小型试验监测系统，为后续该技术的发展提供了原型实验和技术储备。

MARS 试验检测系统主要由水下监测仪器、水下节点（接驳盒）、光电复合缆、供电系统和岸基基站组成，光电复合缆的铺设、组网通信设备和监测传感器的安装于 2007 年完成，并开展了海底光电复合缆的供电和通信方面的研究。MARS 系统携带有多种传感器，包括溶解氧、盐度传感器等化学传感器；压力传感器、水听器、地震检波器等物理传感器；测量电导率、温度和深度的 CTD；测量海流的 ADCP；水中照相机等光学传感器。MARS 系统的建设目标是建立监测区域更远、监测时间更长、运行功率更大、传输信息更大的动力供应和水下通信基础设施，从而为海洋科学研究、海底监测和海洋实验提供支持和服务。

NEPTUNE 由两部分组成，水下部分和陆上部分。水下部分主要是布设监测网络，在胡安·德·夫卡板块附近海域设立 30 个海底检测节点，铺设 3 000 km 的海底光电复合缆，覆盖 50 万平方千米的海域。其中，每个观测节点都安装复合传感器阵列，包括水文仪器、地震仪、物理化学传感器、水下移动平台和海底钻头等。借助这些传感器对深海物理、化学、生物和地质的信息进行实时监测，并通过通信线缆传输到岸基基站，以供科研人员进行分析研究。陆上部分主要包括岸基基站，负责水下系统的能源供给，水下探测数据的接受存储和数据信息的研究和发布，等等。

NEPTUNE 原计划南段由美国在其海岸外建设，北段由加拿大负责建设，目标是进行为期 25 年的海底实时监测，但由于经费条件的限制，南段美国负责部分未能如期完成。2009 年美国目标建设一个基于网络的海洋检测系统，进而通过了 OOI（Ocean Observatories Initiative）计划（杜立彬等，2013），该计划由三级组成，即为海岸监测系统、区域监测系统和全球监测系统。其中第二级区域监测系统就是 NEPTUNE 计划中由美国承担的部分，该部分计划安装7个海底监测节点,铺设900km的海底光电复合缆,复合缆具备8kW供电能力和10G的通信带宽。其中海底光电复合缆的铺设已于2012年完成,计划海底监测节点和传感器的安装于2014年完成,整个监测网络于2015年建成。

**2. 加拿大**

加拿大的海底检测网络主要由VENUS和NEPTUE Canada构成。VENUS计划由加拿大维多利亚大学于2001年主持建立,第一阶段的硬件安装工作于2007年完成。该系统共布设了三个监测节点,并配备了数十种海洋监测设备,如:沉积物捕捉器、数字摄像机、声学分析器、声学多普勒流速剖面仪、硝酸盐传感器、回声探测器、水中听音器、浑浊度传感器、溶解氧传感器等。

NEPTUNE Canada计划于2007年开始建设,于2009年开始投入使用,并成为世界上首个建成使用的区域海底监测网络(R. A. Jr. PETITT等,2002)。该系统采用高压直流供电模式,采用两级降压的模式为水下设备供电,能够在17－2660m水深范围进行监测,目前已安装5个监测节点(计划再增加1个),监测节点间通过分支单元和骨干网连接,其中骨干网由800km的光电复合缆组成,具有10kV/60kW的供电能力和10Gb/s的数据传输能力。每个监测节点周围连接有多个接驳盒,又通过光电复合缆将接驳盒与监测仪器或传感器相连。因此,监测仪器或传感器探测到的数据能够借助光电复合缆传输到岸基基站,实现海底监测。该系统主要就海底地壳运动、海底热液活动、海洋过程与气候变化、深海生态系统等方面开展研究。

**3. 欧洲**

ESONET(The European Sea Floor Observatory Network)海底监测网计划(PRIEDE IG等,2004)用于长期海底监测,海底监测网计划选取大西洋和地中海两个海域中的10个海区数线建网,该计划于2004年在欧洲制定。ESONET是由不同地域间的网络系统组合而成的一种联合体,ESONET依据实际情况逐步发展探索一套完整的网络系统,为了使ESONET拥有监测欧洲海域的强大能力,这需要长达20年的持续建网工程。ESONET对不同的海域会进行一系列研究工作,例如监视北大西洋地区的生物多样性和地中海的地震活动,以及评估在挪威海中海冰的变化对深水循环的影响等。

欧洲海底监测网络建立主要是为了在地球技术、地球物理、化学、生物化学、生物和渔业、海洋学等多领域在战略上提供长期的监测能力。ESONET的主要传感器包括:物理传感器——磁力计、温度计、倾斜计、重力计、地震检波器、水听器、压力传感器、浊度计、荧光计;ADCP——测量海流;CTD——测量电导率、温度和深度;光学传感器——水中照相机、视距测量仪、分光计等;化学传感器——二氧化碳、溶解氧、HZS、甲烷、营养盐、PH传感器。

ESONET－CA计划于2002—2007年完成,对欧洲的海洋监测能力进行了评估,制定了监测节点的第一级配置定义。在这项研究的基础上,为了推动对环欧洲长期多学科深海监测网络的实施和管理,2007—2011年,欧洲开展了ESONET－NoE计划(I. PUILLAT等,2009)。EMOS(European Multidisciplinary Seafloor Observatory)计划(P. FAVALI等,2009)建立5个节点,这项计划于2007年开始,旨在提升ESONET的数据获取能力,并于2016年进入正式实施阶段。

**4. 日本**

日本开展的地震和海啸密集海底网络监测系统（Dense Oceanfloor Network System for Earthquakes and Tsunamis，DONET），主要用来实时监测地震和海啸。第一阶段的工作从2006年开始，2011年完成建设。该网络在海底设立了20个海底监测节点，节点间隔为15~20 km。每个海底监测节点都连接海底地震仪、强震仪、水中地震检波器、温度计和压力传感器等多种海底监测传感器仪器，监测范围覆盖伊豆半岛近海东南海地震震源区。DONET主干网上的输电能力达到3 kW，每个海底监测节点的输入功率为500 W，最高数据传输率可达到600 Mb/s。2012年，日本在南开震源区开始DONET 2的建设，主干网络于2013年开始铺设，计划2015年完成。

综上所述，以上的深海原位监测传感器仪器系统所用的传感器仪器可以归类为以下两大类。

（1）化学传感器仪器

化学传感器主要包括溶解氧传感器、营养盐传感器、二氧化碳传感器、甲烷传感器、盐度传感器等。

（2）物理传感器仪器

物理传感器主要包括CTD、ADCP、温度传感器、深度传感器、压力传感器、传导率传感器、浊度传感器、浪潮记录仪、形变传感器、倾斜计、水下摄像机、光学浮游生物计数器、摄像浮游生物记录仪、浮游生物声学剖面仪、磁力计、重力计、水听器、地震检波器、海啸传感器、视距测量仪、分光计等。

（3）生物传感器

生物传感器主要包括叶绿素传感器等。

# 第3章　国内发展现状与趋势

## 3.1　深海运载器装备技术

目前,国内的HOV、ROV、AUV和科学考察船平台的发展现状如下。

**1. HOV**

我国首艘载人潜器7103救生艇,主尺度长为15 m,质量为35 t,于1986年投入使用,1994—1996年进行了修理和现代化改装,加装了四自由度动力定位和集中控制与显示系统,7103救生艇,如图3.1所示。20世纪,750实验场先后装备了我国自行研制的Ⅰ型HOV、Ⅱ型HOV,两者均在水下打捞与作业中发挥了巨大作用。Ⅱ型HOV,如图3.2所示。

图3.1　7103救生艇(朱继懋等,1984)

图3.2　Ⅱ型HOV(任玉刚等,2018)

2002 年,在国家 863 计划的支持下,我国启动了“蛟龙”号 HOV 的研制工作。“蛟龙”号 HOV,主尺度长为 8.2 m、高为 3.4 m、宽为 3.0 m,空重质量不超过 22 t,设计最大下潜深度为 7 000 m,工作范围可覆盖全球海洋区域的 99.8%。“蛟龙”号 HOV 在 2012 年 6 至 7 月期间所进行的 7 000 m 级海试中达到了 7 062 m 的下潜深度,创造了中国载人深潜的记录。“蛟龙”号 HOV,如图 3.3 所示。

**图 3.3 “蛟龙”号 HOV(徐芑南等,2014)**

2009 年,我国启动了 4 500 m HOV“深海勇士号”的研制,研发团队历经八年持续艰苦攻关,在“蛟龙”号研制与应用的基础上,进一步提升中国载人深潜核心技术及关键部件自主创新能力,降低运维成本,有力推动深海装备功能化、谱系化建设。“深海勇士号”浮力材料、深海锂电池、机械手全是中国自己研制的,国产化达到 95% 以上。这不仅让潜器的成本大大降低,也让国内很多生产和制造潜器相关配件的厂商升级产品水平。“深海勇士”号 HOV,如图 3.4 所示。

**图 3.4 “深海勇士”号 HOV(沈赫,2017)**

2015 年 9 月 26 日,由上海海洋大学深渊科学与技术工程中心研制的全球首个作业型万米级载人深潜器“彩虹鱼”号 HOV 在南海海域完成海试,最大下潜深度为 4 328 m,迈出了我国探索万米深渊的关键一步。“彩虹鱼”号 HOV,如图 3.5 所示。

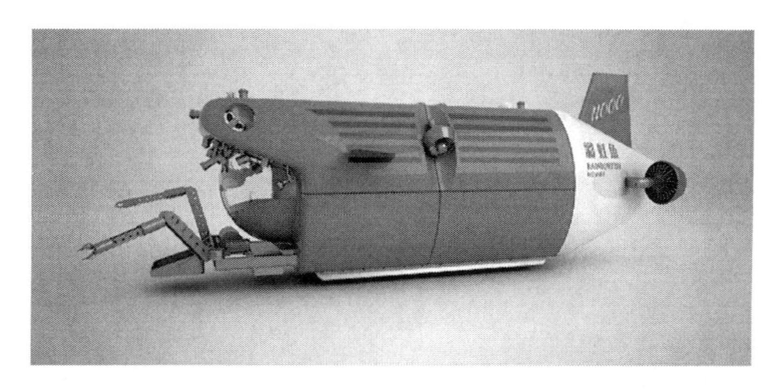

图3.5 “彩虹鱼”号HOV(于爽等,2017)

“奋斗者”号是中国研发的万米载人潜水器,于2016年立项,由“蛟龙”号、“深海勇士”号载人潜水器的研发力量为主的科研团队承担。2020年2月,奋斗者号按计划完成了总装和陆上联调,3月开展水池试验。在水池试验过程中,总共完成了包括全流程考核,多名潜航员承担水池下潜培训等25项测试任务。2020年6月19日,中国万米载人潜水器正式命名:“奋斗者”号。“奋斗者”号HOV,如图3.6所示。

图3.6 “奋斗者”号HOV

**2. ROV**

国内的ROV开发和研究起步于20世纪80年代初,主要研究单位包括中国科学院沈阳自动化研究所、上海交通大学和哈尔滨工程大学等。其中,上海交通大学研制的“海龙”号ROV,最大下潜深度为3 500 m。该ROV配备2个机械手(一个7功能,一个5功能),机械手的长度达到人臂长的4倍以上,可负载100 kg。

广州海洋地质调查局、上海交通大学、浙江大学、青岛海洋化学化工学院、哈尔滨工程大学和同济大学联合研制了“海马”号ROV作业系统,下潜深度为4 500 m,载体功率为100 HP①,最大作业海况为4级,有效载荷为200 kg,配有8台推进器(4个主推、4个垂推),纵向航速为2.5 kn,横向航速为1.5 kn,垂向航速为1.5 kn,配备2个机械手(1个7功能,1个5功能)。该ROV是我国迄今为止下潜深度最大、国产化率最高的作业级深海作业ROV。“海马”号ROV,如图3.7所示。

① 1 HP = 745.7 W。

**图 3.7 “海马”号 ROV(田烈余等,2015)**

中国科学院沈阳自动化研究所研制的 1 000 m 级强作业 ROV 配备 1 个 7 功能主从伺服机械手和 5 功能开关液压手及各种工具包,可完成水下观察、搜索、剪切、冲洗和打捞等作业。该 ROV 的载体功率为 100 HP,作业半径为 200 m,纵向最大航速为 3 kn。1 000 m 级强作业 ROV,如图 3.8 所示。

**图 3.8 1 000 m 级强作业 ROV(庄亚锋,2013)**

哈尔滨工程大学与国内多家单位联合开发的 8A4 ROV,是基于美国 RECON - Ⅲ ROV 设计的。该 ROV 可用于石油勘探和援潜救生等多项任务,开创了国内民用 ROV 的先河。该 ROV 的下潜深度可达 600 m,作业半径为 150 m,率先进行了脐带缆管理系统(TMS)的研究,装有 2 个多功能水下机械手,并在 1993 年完成了水下作业实验。8A4 ROV,如图 3.9 所示。

图3.9 8A4 ROV(许广清,1997)

“海斗”号全海深自主/遥控水下机器人(“海斗”ARV)是沈阳自动化研究所研制的、具有完全自主知识产权的、面向全海深探测的新型的混合式水下机器人,其自带能源和长距离光纤微缆,可采用自主模式(AUV模式)或遥控模式(ROV)实现全海深(11000米)航行与作业,通过搭载CTD和水下摄像机可实现全海深环境下的海洋观测。

“海斗”号ARV分别于2016年和2017年两次赴马里亚纳海沟,7次潜入万米以深的深渊,最大下潜深度10888米,创造了我国水下机器人的最大下潜深度记录,是我国首台下潜深度超过万米并完成科考应用的水下机器人,使我国成为继日、美两国之后第三个拥有研制万米级无人潜水器能力的国家,为我国获取首批超万米深度的全海深温盐数据及海底实时视频数据。“海斗”号ARV,如图3.10所示。

图3.10 “海斗”号ARV(林落,2017)

上海交通大学全海深ARV系统充分考虑深海和深渊科学研究需求,具备在全海深范围内开展极深海生物化学调查,以及在极深海生物、海水和地质采样的能力。

全海深ARV系统包括ARV本体,中继器,水面监控动力站,绞车(含脐带缆)以及水面辅助支持系统;具备自主探测、光纤微细缆遥控作业、光电脐带缆遥控三种作业模式;具有水声和惯性定位能力、悬停定位控制和轨迹跟踪控制系统;具有水下搜索、观察、数据传输和记录能力，提供作业工具的接口。全海深 ARV，如图 3.11 所示。

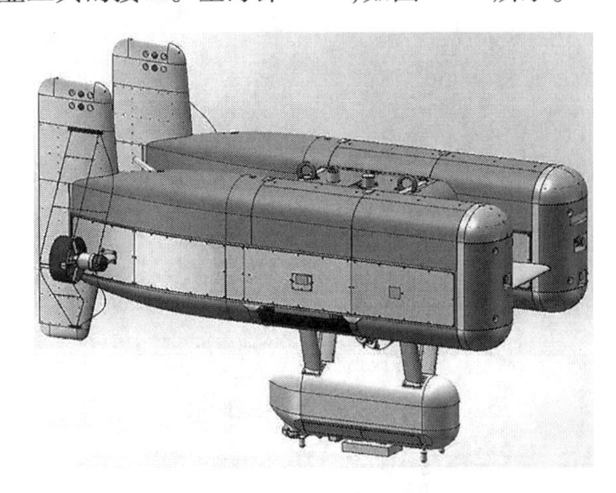

**图 3.11　全海深 ARV 本体（葛彤，2016）**

**3. AUV**

从 20 世纪 70 年代开始，我国开始较大规模地开展 AUV 的研究工作，但主要集中在以哈尔滨工程大学和中国科学院沈阳自动化研究所为代表的少数高校和研究所中。沈阳自动化研究所在 1994 年和 1995 年分别于国内的中国科学院声学所、中船重工 702 所、俄罗斯科学院海洋技术研究所，以及几所国内重点高校联合开发了“探索者”号和“CR－01”号 AUV，前者作业深度达到了 1 000 m，后者则达到了 6 000 m，使我国成为少数拥有 6 000 m 潜深 AUV 的国家之一。“CR－01”号 AUV 能够执行拍照、摄像、海底目标搜索观察、海底多金属结核丰度测量，以及海底地势与剖面测量等任务。

2008 年 3 月，“CR－02”号 AUV6 000 m 海试成功，其最大下潜深度为 6 000 m，航行时间为 25 h，定位精度小于 20 m，长基线声呐定位系统作业距离为 10～12 km，剖面仪地层穿透深度达 50 m。该 AUV 主要任务是海底资源探察、海洋环境监测，以及深海科学考察等。由哈尔滨工程大学、华中理工大学、702 研究所和 709 研究所共同开发的自主式智能水下机器人“智水”系列可用于反水雷、自主巡航等。“智水Ⅲ”型 AUV，如图 3.12 所示。

**图 3.12　“智水Ⅲ”型 AUV（刘建成等，2003）**

中国科学院沈阳自动化研究所研制的定点监测型 AUV 最大下潜深度超过 800 m，航行距离为 517 km，可实现定深悬停及潜浮控制功能，具备在特定海域对多种海洋要素进行定点监测的能力。

“潜龙一”号 AUV 是基于“CR－01”号 AUV 和“CR－02”号 AUV 由中国科学院沈阳自动化研究所研发的新一代 6 000 m 级深海锰结核探测的 AUV。2012 年，该 AUV 于浙江省千岛湖完成湖上试验及湖试验收试验；2015 年 4 月，该 AUV 于南海顺利完成了海上试验及海试验收试验。在试验和应用期间，“潜龙一”号 AUV 累计下潜次数为 122 次，在近海底累计工作时长为 236.5 h，航行距离为 712 km，最大下潜深度为 5 213 m，单次下潜水下工作时间为 31 h。在此期间，获取了大量的声学和光学探测数据，是我国首台 6 000 m AUV 深海实用性装备，具有全部自主知识产权。“潜龙一”号 AUV，如图 3.13 所示。

**图 3.13 “潜龙一”号 AUV（武建国等，2014）**

“潜龙二”号是针对深海多金属硫化物区域设计的 AUV，它携带了囊括声学探测器、摄像机、磁力仪和多种用于深海多金属硫化物区域探测的传感器。在利用声学探测器对海底地形进行全方位覆盖测量的同时，可以利用 AUV 自带的磁力、温度和浊度等传感器进行热液区的调查，包括热液异常调查、热液喷口位置及硫化物的矿藏区域调查。“潜龙二”号 AUV，如图 3.14 所示。

**图 3.14 “潜龙二”号 AUV（吴涛等，2018）**

哈尔滨工程大学研制的“海灵”号 AUV 于 2013 年在中国南海进行了海试，完成了航行能力测试、导航精度测试，以及安全自救测试等项目，以 40 m 的下潜深度完成了航行时间为 40 h、航行距离为 249 km 的测试，并完成了 500 m 浅航试验。在国内首次实现了水下机器人搭载承压锂电池，并可根据作业需求进行设备与能源的模块化搭载。“海灵”号 AUV 在中国南海试验，如图 3.15 所示。

**图 3.15 “海灵”号 AUV 在中国南海试验（林子琪，2015）**

以“海灵”号 AUV 为原型开发的 500 kg 级 AUV，在 2015 年 10 月的海试过程中，完成了 AUV 与对接台的水下对接试验，实现了水下无线信息传输和水下无线充电。水下对接设备及对接示意图，如图 3.16 所示。

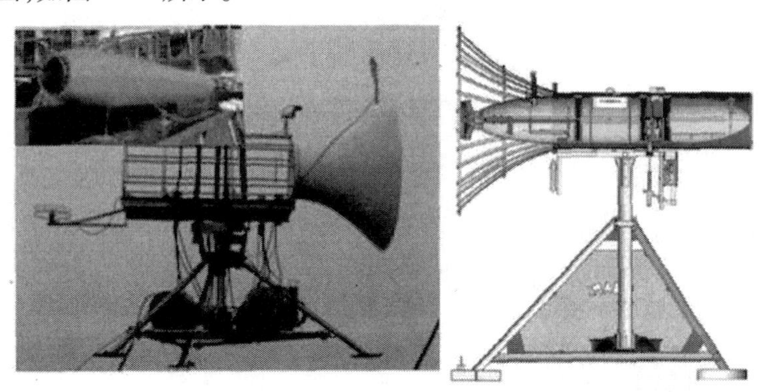

**图 3.16 水下对接设备及对接示意图（羊云石等，2013）**

哈尔滨工程大学为验证全海深高速水声通信、全海深单信标定位、全海深智能安全作业技术而研制“悟空”AUV，最大作业水深为 1 1000 m，具备海底定高航行能力、海底照片无线水声传输能力、水体采样能力，质量为 1.2 t，有效载荷为 30 kW，能够在地球全部深度的海域执行下潜任务。

在控制功能上具备自动定向、自动定深、自动定高、悬停定位、海底定高巡航功能，立扁体的外形使 AUV 具备快速下潜的能力。配载两台高清水下摄像机和 4 部水下照明灯，可抵近海底完成水下高清摄像。高速水声通信在万米深度可达到 2 K 速率；单声学信标测距和 AUV 航行系统融合，可得到与长基线精度一致的自身位置，大大减少母船对水下基阵的标校时间。具备多级冗余抛载能力，保证系统安全。“悟空”号全海深 AUV，如图 3.17 所示。

图3.17　“悟空”号全海深AUV

**4. Glider**

我国目前从事水下滑翔机研究的单位主要有:中国科学院沈阳自动化研究所、天津大学、上海交通大学、西北工业大学等。

中国科学院沈阳自动化研究所研制的“海翼”号水下滑翔机,如图3.18所示。填补了我国在水下滑翔机研制上的空缺。该水下滑翔机重65 kg,主体直径0.22 m,主体长度为2 m,翼展1.2 m,滑翔速度0.25 m/s,滑翔深度1 200 m。2017年3月6日,“海翼”号水下滑翔机在马里亚纳海沟完成大深度下潜观测任务并安全回收,最大下潜深度达到6 329 m。2018年7月28日,中国第九次北极科学考察队在白令海公海区域首次成功布放“海翼”号水下滑翔机,也是首次应用于中国北极科考。

图3.18　“海翼”号水下滑翔机

天津大学研制的“海燕号”Petrel II 由温差能和电能混合驱动,可持续不间断工作 30 d 左右,如图 3.19 所示。该水下滑翔机重约 70 kg,主体直径 0.3 m,主体长度为 1.8 m,翼展为 1.1 m,最大滑翔深度为 1 500m,最大航程为 1 000 km,并融合了浮力驱动与螺旋桨推进,具有动力航行及无动力滑翔两种航行模式。

**图 3.19 “海燕”号水下滑翔机**

上海交通大学研制的“海鸥一”号水下滑翔机,长为 2.044 m,翼展为 1.35 m,主体直径为 0.231 m,采用了锯齿形和螺旋形两种轨迹航行,搭载了深度传感器、温度传感器、位移传感器等,实现了垂直方向大尺度参数变化调查的试验。

西北工业大学在水下滑翔机方面提出了借助独立控制左右滑翔翼和螺旋桨推进器的可控翼混合驱动水下滑翔机概念,将高效率滑翔推进和高机动性螺旋桨推进相结合,有效解决了水下滑翔机或推进效率低或机动性能差等方面的问题(宋保维,2012),同时在翼身融合水下滑翔机外形、结构和运动性能多学科优化设计方面也开展了相关的研究工作(C. Sun,2016;B. Zhang,2016)。

天津大学对温差能浮力驱动技术开展了探索研究(王树新,2006),并研制出我国首台温差能水下滑翔机原理样机(王延辉,2009),如图 3.20 所示,并在千岛湖开展了原理样机的水域试验,共完成 25 个温差能浮力驱动循环剖面,此次试验表明我国已基本掌握了温差能浮力驱动技术,但我国温差能驱动水下滑翔机总体技术水平与国外先进水平尚有较大差距,温差能滑翔机总体设计、温差能换热器集成设计等关键技术仍需突破。

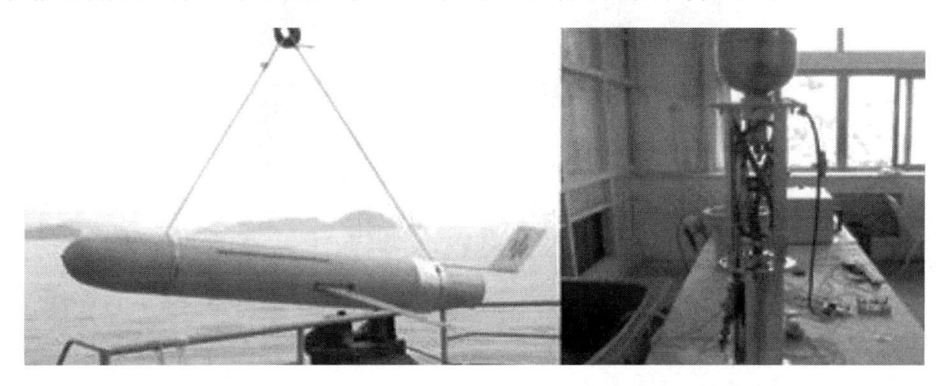

**图 3.20 天津大学研制的温差能驱动水下滑翔机原理样机**

中船重工第710研究所于2017年研制出波浪滑翔机“海鳐”号；桑宏强等(2018)研制出大型“黑珍珠”和小型“海哨兵”波浪滑翔机；田宝强(2017)设计研制了基于波浪能的水下滑翔机结构，如图3.21所示，该滑翔机可综合利用太阳能与波浪能为滑翔机补充能量，同时对国外波浪能滑翔机设计进行了优化。

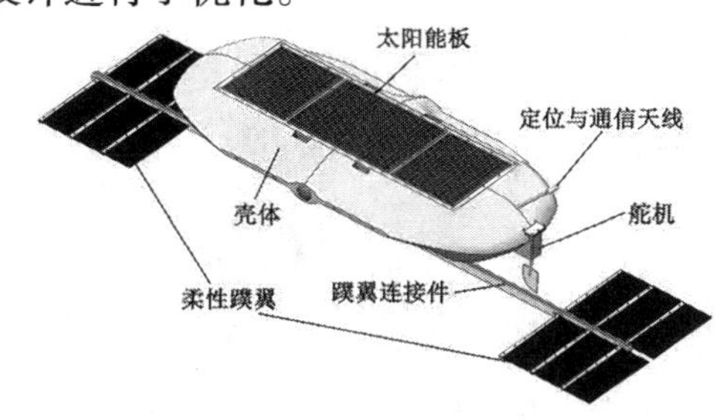


图3.21 波浪能与太阳能混合能量补充系统滑翔机

**5.水面科学考察船平台**

我国现有的19艘海洋科学考察船仅约占世界总数(537艘)的3%，与美(105艘)、日(93艘)、俄(87艘)相差甚远。这与一个拥有1.8万公里海岸线的海洋大国和实现我国海洋强国战略的事实极不相称。此外，我国现役海洋科学考察船，无论从探测体系的系统性、探测手段的先进性，还是从探测范围来说，与世界海洋科技强国差距甚大，且有日益加大的趋势。这种状况严重制约了海洋科学研究、海洋经济、海上安全、海洋环境保障事业的发展和国际竞争力。

在我国现有的19艘海洋科学考察船中，在吨位上适合深海洋区的海洋科学考察船只有9艘；3 000 t级以上的海洋科学考察船仅有3艘，分别是由国家海洋局中国极地研究中心所管理的“雪龙”号极地科学考察船、中国大洋协会管理的“大洋一”号远洋科学考察船和中国海洋大学管理的“东方红2”号海洋科学考察船；1 000～3 000 t级的科学考察船有6艘，分别是中国科学院海洋研究所管理的“科学一”号海洋科学综合考察船、中国科学院南海海洋研究所管理的“实验三”号海洋科学综合考察船、国家海洋局北海分局管理的“向阳红09”号海洋科学综合考察船、国家海洋局南海分局管理的“向阳红14”号海洋科学综合考察船、国土资源部广州地质调查局管理的“海洋四”号和“探宝”号资源考察船。我国主要的海洋科学(综合)考察船，如图3.22所示。

目前，中国国家海洋调查船队的调查模式还没有形成，主要是由于我国现行考察船舶管理体制，导致各部门现有的考察船难于统一协调使用，获取的资料难以实现共享，船舶运行成本高，低效率、低层次重复性调查现象突出，资金、设备资源尚难以优化使用，这是我国与国外先进海洋科学综合考察船队最大的差距。

目前，由国家海洋局、国家发展和改革委员会、教育部、科技部、财政部、中国科学院和国家自然科学基金委员会等有关部门组成了国家海洋调查船队协调委员会，负责船舶协调管理。协调委员会下设办公室，挂靠国家海洋局海洋科学技术司负责国家海洋调查船队运行中的日常工作。

国家海洋调查船队主要承担国家海洋基础性、综合性和专项调查等任务，以及国家重大研究项目、国际重大海洋科学合作项目和政府间海洋合作项目涉及的调查任务。

国家海洋调查船队是中国多个涉海部门共同打造的首个全国共享的海洋调查基础平

台。2011 年,共同组成了第一批国家海洋调查船队成员船,几乎涵盖了调查水平最先进的船舶,共 19 艘。其中,排水量大于 1 500 t 的海洋科学考察船 11 艘,排水量小于 1500 t 的近海综合调查船 8 艘。国家海洋调查船队的目的是推动海洋调查船的开放与共享,促进中国海洋调查能力与水平的提高,保证国家海洋调查任务的顺利开展。国家海洋调查船队船舶分布图,如图 3.23 所示。

(a)“雪龙”号极地科学考察船

(b)“大洋一”号远洋科学考察船

(c)“东方红2”号海洋科学考察船

(d)“科学一”号海洋科学综合考察船

(e)“实验三”号海洋科学综合考察船

**图 3.22　我国主要的科学考察船(张丽瑛等,2010)**

截至 2016 年 7 月,国家海洋调查船队共有 47 艘成员船。国家海洋调查船队将维持成员船的产权关系不变、隶属关系不变和管理方式不变,共同实现信息开放、资源共享和公管共用,不断提高海洋调查船的使用率,加强海洋现场数据的长期积累,促进重大成果产出,推动我国海洋调查研究和海洋事业更好更快发展! 国家海洋调查船队成员船信息一览表,如表 3.1 所示。

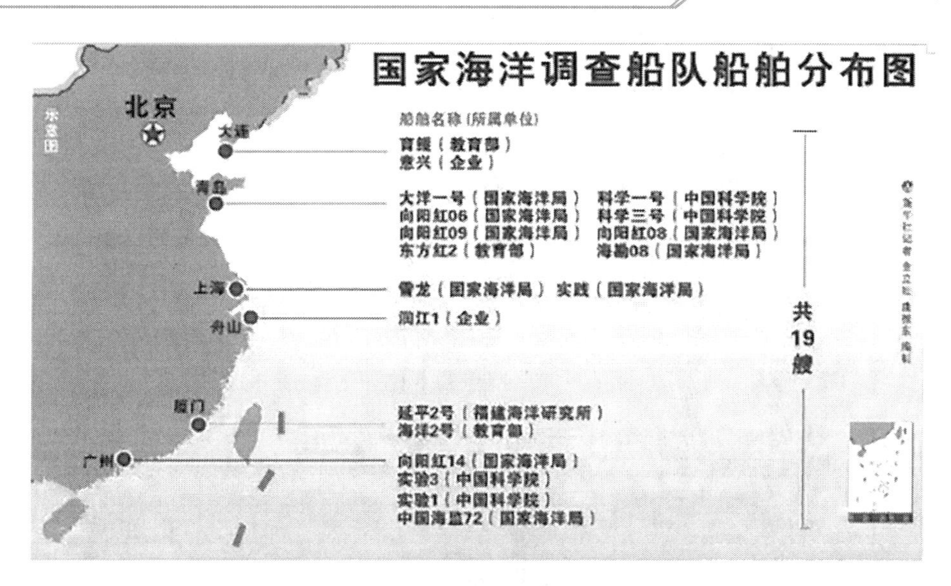


图 3.23　国家海洋调查船队船舶分布图

表 3.1　国家海洋调查船队成员船信息一览表

| 序号 | 类型 | 船舶名称 | 所属单位 | 母港 | 建成年份 | 排水量(t) |
|---|---|---|---|---|---|---|
| 1 | 远洋调查船 | “雪龙”号 | 中国极地研究中心 | 上海 | 1993 | 21 025 |
| 2 | | “大洋一”号 | 中国大洋矿产资源研究开发协会 | 青岛 | 1984 | 5 600 |
| 3 | | “向阳红 06”号 | 国家海洋局北海分局 | 青岛 | 1995 | 4 900 |
| 4 | | “向阳红 09”号 | 国家海洋局北海分局 | 青岛 | 1978 | 4 435 |
| 5 | | “向阳红 14”号 | 国家海洋局南海分局 | 广州 | 1981 | 4 400 |
| 6 | | “向阳红 20”号 | 国家海洋局东海分局 | 上海 | 1969 | 3 090 |
| 7 | | “科学一”号(退役) | 中国科学院海洋研究所 | 青岛 | 1981 | 3 324.35 |
| 8 | | “实验 3”号 | 中国科学院 | 广州 | 1981 | 3 324.35 |
| 9 | | “实验 1”号 | 中国科学院 | 广州 | 2009 | 2 555 |
| 10 | | “育鲲”号 | 大连海事大学 | 大连 | 2008 | 5 878.8 |
| 11 | | “东方红 2”号 | 中国海洋大学 | 青岛 | 1995 | 3 500 |
| 12 | | “发现”号 | 上海海洋石油局第一海洋地质调查大队 | 拿骚 | 1980 | 4 000 |
| 13 | | “发现 2”号 | 上海海洋石油局第一海洋地质调查大队 | 拿骚 | 1993 | 2 722 |
| 14 | | “中国海监 169”号 | 中国海监第八支队 | 广州 | 1982 | 4 590 |
| 15 | | “中国海监 168”号 | 中国海监第八支队 | 广州 | 1982 | 3 356.73 |
| 16 | | “中国海监 84”号 | 国家海洋局南海分局 | 广州 | 2011 | 1 740 |
| 17 | | “向阳红 10”号 | 国家海洋局第二海洋研究所/浙江太和航运有限公司 | 温州 | 2014 | 4 615.8 |
| 18 | | “科学”号 | 中国科学院海洋研究所 | 青岛 | 2012 | 5 027.9 |
| 19 | | “向阳红 03”号 | 国家海洋局第三海洋研究所 | 厦门 | 2016 | 5 176.4 |

续表

| 序号 | 类型 | 船舶名称 | 所属单位 | 母港 | 建成年份 | 排水量(t) |
|---|---|---|---|---|---|---|
| 20 | 近海调查船 | “中国海监111”号 | 国家海洋局北海分局 | 青岛 | 1982 | 4 420 |
| 21 | | “向阳红18”号 | 国家海洋局第一海洋研究所 | 青岛 | 2015 | 2 380 |
| 22 | | “向阳红01”号 | 国家海洋局第一海洋研究所 | 青岛 | 2016 | 4 980 |
| 23 | | “中国海监72”号 | 国家海洋局南海分局 | 广州 | 1989 | 898.8 |
| 24 | | “向阳红08”号 | 国家海洋局北海分局 | 青岛 | 2008 | 608.3 |
| 25 | | “向阳红07”号 | 国家海洋局北海分局 | 青岛 | 2003 | 307 |
| 26 | | “科学三号”号 | 中国科学院海洋研究所 | 青岛 | 2006 | 1224 |
| 27 | | “海洋2号”号 | 厦门大学 | 厦门 | 2010 | 76 |
| 28 | | “延平2号”号 | 福建海洋研究所 | 厦门 | 1997 | 818 |
| 29 | | “润江1”号 | 舟山润禾海洋科技开发服务有限责任公司 | 舟山 | 2010 | 659.2 |
| 30 | | “意兴”号 | 大连保税区永年国际贸易有限公司 | 大连 | 1996 | 424 |
| 31 | | “中国海监47”号 | 国家海洋局东海分局 | 宁波 | 1973 | 777.58 |
| 32 | | “中国海监49”号 | 国家海洋局东海分局 | 宁波 | 1996 | 1 146.7 |
| 33 | | “中国海监53”号 | 国家海洋局东海分局 | 上海 | 1976 | 1 327 |
| 34 | | “中国海监62”号 | 国家海洋局东海分局 | 厦门 | 1973 | 778 |
| 35 | | “向阳红28”号 | 国家海洋局东海分局 | 上海 | 1982 | 1 317 |
| 36 | | “勘407”号 | 上海海洋石油局第一海洋地质调查大队 | 上海 | 1981 | 1 500 |
| 37 | | “兴业”号 | 上海海洋石油局第一海洋地质调查大队 | 上海 | 2001 | 455 |
| 38 | | “北斗”号 | 中国水产科学研究院黄海水产研究所 | 青岛 | 1984 | 1 600 |
| 39 | | “南锋”号 | 中国水产科学研究院南海水产研究所 | 广州 | 2009 | 1 980 |
| 40 | | “中国考古01”号 | 国家文物局 | 青岛 | 2014 | 900 |
| 41 | | “海大”号 | 青岛海大海洋能源工程技术股份有限公司 | 青岛 | 2013 | 2 650 |
| 42 | | “中国海监15”号 | 国家海洋局北海分局 | 青岛 | 2010 | 1 740 |
| 43 | | “中国海监27”号 | 国家海洋局北海分局 | 青岛 | 2005 | 1 350 |
| 44 | | “中国海监17”号 | 国家海洋局北海分局 | 青岛 | 2005 | 1 150 |
| 45 | | “中国海监18”号 | 国家海洋局北海分局 | 青岛 | 1995 | 1 050 |
| 46 | | “向阳红81”号 | 国家深海基地管理中心 | 青岛 | 2015 | 390 |

**6. HOV 母船**

(1)“深海一”号

“深海一”号是我国首艘按照绿色化、信息化、模块化、便捷化、舒适化和国际化原则设计建造的国际先进水平的全球级特种调查船。作为我国7 000米级“蛟龙号”载人潜水器专用母船，建成后可以充分发挥“蛟龙号”的技术性能，显著提升我国精细探索大洋资源环境的能力与水平，对维护我国海洋权益具有重要意义。2017年9月16日在武汉开工建造，建成后，“蛟龙号”载人潜水器告别“向阳红09”船，迎来了自己的专用支持母船。

载人潜水器支持母船“深海一号”长为90.2 m，排水量为4 000 t，续航能力12 000 n mile，是一艘适应无限航区航行的，为“蛟龙”号载人潜水器深潜作业提供水下、水面支持及维护保养，充分发挥其在深海科学考察、海底资源勘查、深海生物基因研究领域绝对技术优势的专用支持母船。该船不仅配备了满足相关调查及数据处理所需要的多种类型实验室，还搭载了“海龙号”无人缆控潜水器和“潜龙号”无人无缆潜水器，具备“三龙”系列潜水器同时作业能力。蛟龙号及其母船深海一号，如图3.24所示。

**图3.24 “蛟龙”号及其母船“深海”一号(新华社等,2019)**

(2)“探索一”号

“探索一”号原来叫作“海洋石油299”，原为中海油从挪威购置的“开拓”号，作为海洋工程铺管作业船/多功能作业船。它2004年9月从挪威到达中国天津投入使用，2013年中国科学院购买该船，改造成4 500 m载人潜水器母船及深海科学考察平台，2016年5月正式交付使用。“深海勇士”号及其支持母船“探索一”号，如图3.25所示。

“探索一”号总长为94.45 m，排水量为6 250 t，载重量为2 063.5t，安装有深海作业绞车系统、测深系统、沉积物采集装置、地震空压机系统、及门架、吊车等辅助机械；主要包括：万米级CTD绞车系统2套及铠装缆1套、万米级地质绞车系统及钢缆1套、光电缆绞车1套(目前无光电缆)、万米测深仪1套、12通道沉积物柱状采样器1套、箱式采泥器1套、活塞柱状采泥器 1 套、地震空压机及大容量气枪 2 套、CTD 门吊 1 台、4T 伸缩折臂吊 1 台、8T 伸缩折臂吊 1 台,已具备开展深海科学考察、试验能力。

图 3.25 “深海勇士”号及其支持母船“探索一”号(倪其军等,2018)

2016 年 6 月 22 日至 8 月 12 日期间,中科院“探索一”号船在马里亚纳海沟海域开展了我国第一次综合性万米深渊科考活动。2016 年 8 月 12 日,“探索一”号科考船结束首航,在马里亚纳海沟海域执行 84 项科考任务后返回三亚,这也标志着我国海洋科技发展史上第一次万米级深渊科考的圆满成功。在这次深渊科考中,利用我国自主研发的万米级自主遥控潜水器(ARV)“海斗”号、深渊着陆器“天涯”号与“海角”号、万米级原位试验系统“原位实验”号 9 000 米级深海海底地震仪、7 000 米级深海滑翔机等系列高技术装备,科考队在马里亚纳海沟海域,共执行 84 项科考任务,在不同深度断面上,取得大批珍贵的样品和数据。该航次是我国在万米深海进行的第一次深潜科考尝试,所获得的深度序列完整的原位探测数据及水体、沉积物和大生物样本,填补了我国长期以来无法获得超大深度、特别是万米海底数据和样品的空白。

(3)“探索二”号

“探索二”号是中国首艘全数配备国产化科考作业设备的载人潜水器支持保障母船,由一艘海洋工程船历经一年半时间改造而得,于 2020 年 6 月 25 日起航交付。

“探索二”号母船总长为 87.2 m,型宽为 18.8 m,型深为 7.4 m,最高航速 14.2 节,满载排水量6 700 t,配置两台全回转舵桨和两台艏侧推,采用全电力推进,DP2级动力定位能力可以有效配合潜水器下潜的位置,及时做出定位的调整变化。续航力大于15 000 n mile,自持力(中途不补给的情况下,连续在海上活动的最长时间)不低于75天,可同时搭载60名科考队员开展海试任务。“探索二”号船不仅可以支撑深海、深渊无人智能装备进行各项海试任务,同时还可搭载万米载人深潜器“奋斗者”号和4 500 m载人深潜器“深海勇士”号。近期,两台潜水器将与船舶完成适配工作,达到融为一体的联合作业能力。“奋斗者”号及其母船“探索二”号,如图3.26所示。

**图3.26　“奋斗者”号及其母船“探索二”号**

目前,我国HOV、ROV、AUV和科学考察船的发展趋势如下。

### 1. HOV

我国在HOV领域开展了大量的研究工作,从目前发展来看,“蛟龙”号已进入工程应用阶段,4 500 m HOV也于2017年开始测试工作,全海深HOV的研制已全面启动。但目前仍存在HOV产业化应用不足、部分设备国产化率低等一系列问题,这在一定程度上已经制约了我国HOV技术的进步。另外,当前我国HOV的研究体系也不完善,尤其是在中、浅海HOV的研究与应用方面,而这些潜水器的市场前景更加广阔。

### 2. ROV

(1)便携式ROV的抗流航行技术

为实现水下探测与观察,目前便携式ROV均采取框架式结构,但由于体型较小造成推进器的布局和推力受限,尤其脐带缆同时受到风浪流的扰动,对 ROV 的拖曳力难以预报,这就使得便携式 ROV 难以在流速偏大的水域中稳定航行。

(2)深潜型 ROV 的高生存性控制方法

为保障深潜型 ROV 在海底工作的可靠性,降低人为和其他因素对安全性的影响,必须针对深潜型 ROV 进行故障诊断、自修复和人机结合修复方法的研究,使其在子系统故障情况下,仍能利用剩余部件完成使命,甚至在脐带缆断裂时仍可应急回收。

(3)便携式 ROV 的近海养殖生物无损柔性捕捞技术

近海养殖生物的机器捕捞对水下机器人提出了重大需求,由于作业密封性的需要,目前 ROV 搭载的均为刚性作业工具,因此难以实现准确的力感知。所以需要研究低成本的无损柔性捕捞技术,满足捕捞近海养殖生物的需求。

(4)作业型 ROV 双臂协调配合自主作业技术

作业型 ROV 是一个复杂的非线性耦合动力学系统,机械臂的运动会给 ROV 本体造成很大的扰动,操作人员需要同时进行双臂的遥控操作和本体的位姿控制以完成复杂的工作,所以研究作业型 ROV 双臂协调配合自主作业技术将减轻操作人员的疲劳,提高作业型 ROV 的作业效率和安全性。

(5)复杂海况下大中型 ROV 收放的升沉补偿技术

大中型 ROV 的安全收放是其实现观察和作业的前提,这就需要通过升沉补偿克服海况造成的母船升沉干扰,避免造成脐带缆的冲击载荷并保证本体的安全,所以如何在复杂海况下实现升沉补偿是当前大中型 ROV 应用的一个重要课题。

(6)深潜型 ROV 的光电连接系统

由于信息传输的需要,深潜型 ROV 的脐带缆内部普遍采用光纤传送信息。其水下控制和信号采集则是通过大量光电线缆密封连接构成的系统,由于不同设备连接的线缆规格要求复杂,深水光电复合连接系统(包括光电滑环)一直都是国内深潜型 ROV 的一个瓶颈。

(7)深水长距离电力绝缘传输与分配技术

ROV 无论是在深水中观察还是作业,都需要脐带缆从母船长距离传送电力,脐带缆导体阻抗造成的线损不容忽视,同时还需要考虑到系统启动时造成的冲击电流,所以必须实现水下长距离高压绝缘安全送电,同时减小水下变压器体积和质量,这一点虽然在国外已有成功范例,但在国内仍是一个有待解决的重要难题。

**3. AUV**

我国在 AUV 的研发方面已经取得了巨大的突破,克服了诸多技术瓶颈,但也有需要改进的方面。

国内研发 AUV 的研发单位较美国、英国等发达国家少,竞争力不足,且研发单位中高校占比高,学生的毕业会造成成熟技术人员的流失,影响技术积累,研发产品的实用化比例低。同时国内研发产品的系列化、模块化、标准化、商业化比例低,严重影响产品的实用化、商用化进程。此外,AUV 涉及的学科面广,相关产业的水平不足会严重限制研发的进程。

# 3.2　深海拖曳探测装备技术

目前,国内深海拖曳调查平台技术的发展现状如下。

在系留平台及水下机器人科研与探测等工程中,拖曳设备是其科研与探测的必要条件,也是极具可靠性、安全性的关键设备,随着负载要求越来越高、收放行程越来越长,拖曳设备在制造方法、控制技术和制作材料上进行了不断地提高和改进,在系统的动力、工作安全和能源节约方面取得了较大的突破,并且应用更加广泛。

(1)6 000 m 深海光学深拖系统:

我国在深海拖曳系统领域的研究起步较晚,但近几年来,研究有了飞速进展,特别是在中国大洋协会的“十五”计划中,“大洋一”号配备了由上海交通大学主持设计的6 000 m 深海光学深拖系统,于2008 年5 月7 日至5 月15 日在中国南海进行了海试,在水下先后完成了浅海及1 800 m 深水试验。同时参加了中国大洋协会 DY115 -20 -3 航段的调查工作。

下面对6 000 m 深海光学深拖系统做一下简要的介绍。

6 000 m 深海光学深拖系统是一套大型深海观察系统,主要用于6 000 m 以下的大洋海底调查作业。该系统的主要特点是结构简单,系统可靠,作业深度大,可持续作业时间长,可搭载考察设备种类多。因此该系统是目前国内屈指可数的大深度的水下光学观察系统。其整个系统包括甲板操纵控制柜,万米光缆及绞车系统,导向绞车和光学拖体。

(2)大深度拖曳式多参数剖面测量系统

中国船舶重工集团公司第七一五研究所研制的大深度拖曳式多参数剖面测量系统是典型的水下起伏式拖曳平台,能搭载多种传感器,例如 CTD、浊度、营养盐、叶绿素等传感器。该系统采用自动控制算法,改变拖体上的机翼攻角,能进行800 m 剖面测量。其整个系统包括甲板操纵控制柜、双电机减张力绞车、1 500 m 全流线型拖缆及水下拖体。大深度拖曳式多参数剖面测量系统,如图3.27 所示。

**图3.27　大深度拖曳式多参数剖面测量系统(易杏甫等,2004)**

目前,国内深海拖曳调查平台技术的发展趋势如下。

**1. 深海起伏式拖曳平台**

深海起伏式拖曳平台目前主要存在的难题有以下三个方面。

(1)建立准确的理论预报模型

由于拖曳系统工作时,拖缆张力会影响拖曳母船的操纵性,因此研究拖缆和拖曳体对拖曳母船操纵性能的影响,对于船舶在机动时的机动方式和操舵控制补偿的选取具有重要的作用。特别是在系统设计初期,为提高拖曳系统的设计合理性、准确预报和分析船舶在各种机动情况下的运动响应是十分必要的。然而拖曳母船、拖缆与拖曳体之间存在的强烈耦合作用,即拖曳母船通过拖缆提供拖曳体运动的驱动力,拖缆和拖曳体的流体作用力也反作用于拖曳母船,三者之中任何一者运动状态的改变,均将影响整个系统的运动;此外,拖曳母船机动时运动的复杂性,例如回转时速度降低、横摇角变化等,造成拖点张力大小和方向都在时刻发生变化,导致整个拖曳系统呈现强非线性,仅用等速直航时的拖点张力来考虑拖曳系统对船舶操纵性的影响是不够的,因此应将船 - 缆 - 体视为一个整体,将拖缆顶端和底端的张力及其力矩,引入到船舶操纵性运动方程和拖曳体六自由度运动方程中,建立船 - 缆 - 体耦合运动模型,进而分析船舶机动时拖曳系统操纵性的影响,这对于保证整个拖曳系统高效运行具有一定的现实用途和理论指导意义。

在实际海况下,由于对水下拖曳系统进行操纵的水动力响应问题是在复杂水下流场条件下具有不规则几何外形的拖曳体主体、控制体及缆绳各种水动力综合作用的结果,强非线性和相互耦合因素突出,整个系统的水动力问题十分复杂。

在目前建立的缆绳水动力数学模型中,建立缆绳的运动控制方程一般都忽略缆绳的弯曲、扭转和剪力的影响,只考虑其张力的影响。但即便这样,由于缆绳受到的水动力载荷和其自身材料特性,都是非线性的,因此要从理论上准确描述出其水动力特性仍然比较困难。

目前,对水下拖曳系统的整体水动力数学模型,尤其是对在水翼和螺旋桨控制作用下水下拖曳体的水动力分析还缺乏足够的研究。这部分的主要难度在于以下几点。

①整个水下拖曳系统的水动力数学分析具有强烈的非线性。

②系统中各个机构作为整个耦合系统的一部分,会存在相互的水动力影响。

③水下拖曳体有着不规则的非流线型和复杂流场,再加上控制机构的控制会使拖曳体产生不规则运动,所以要模拟拖曳体的运动和计算其运动过程中的水动力存在一定的困难。

(2)依据理论模型建立精确控制模型

精确控制模型的建立来自拖曳系统的运动方程,根据拖曳系统的运动特性,对运动方程中的外力和外力矩进行适当处理,建立六自由度操纵方程。目前的水下拖曳体的开发研究中,对于水下拖曳体的轨迹或深度控制,主要通过改变水下拖曳体控制翼攻角来实现,所以一般都由六自由度方程得到基于控制翼攻角、俯仰角和深度等控制变量的运动方程,得到表征它们之间关系的控制传递函数。

问世于 20 世纪 20 年代的 PID(比例 - 积分 - 微分)反馈控制系统设计,是处理系统中不确定性的一种有力工具。PID 控制器作为最早实用化的控制器已有 100 多年的历史,现在仍然是应用最广泛的工业控制器。PID 控制器的价值取决于它们对大多数控制系统的广泛适用性,其算法简单、设计与调试方便。但不可否认的是,PID 也有其固有的缺点,例如

PID 在控制非线性、时变、耦合及参数和结构不确定的复杂过程时，效果也不是很理想。

对于水下拖曳系统，在其传递函数的基础上，利用 PID 控制器改善控制性能，可使系统响应更快，更加稳定。深度和姿态（横摇、纵倾）操纵大多是通过 PID 控制器实施改变拖曳体控制面攻角来进行的，这也是目前最为成熟的控制方法。中国船舶重工集团公司第七一五所和国家海洋局第一研究所共同研制的拖曳剖面测量系统采用的就是 PID 控制。

智能控制的概念和原理是针对被控对象及其环境、控制目标或任务的复杂性和不确定性而提来的。定性地说，智能控制系统应具有学习、记忆和大范围的自适应和自组织能力；能够及时地适应不断变化的环境；能够有效地处理各种信息，以减小不确定性；能够以安全和可靠的方式进行规划、生产和执行控制动作而达到预定的目标和良好的性能指标。其具体控制方法包括模糊逻辑控制、人工神经网络、专家智能控制和遗传算法。拖曳船上的操纵人员可以通过一定的指令控制这些机构来实施对拖曳体的轨迹与姿态控制，来达到执行不同的水下探测任务的目的。建立相应的拖曳体水动力控制模型，并据此预测其水动力控制特性是开发研制出性能良好的水下拖曳体的关键。因此，在实验室样机试验的基础上，利用人工神经网络理论建立水下拖曳体的水动力控制数值模型，对拖曳体的水动力控制特性进行分析预报，不失为一种实用而有效的方法。

随着鲁棒性控制的深入研究，出现了控制系统的综合设计方法— $H_\infty$ 控制理论。这种理论是在 20 世纪 80 年代中期，在多变量系统频域法和鲁棒稳定奇异值分析基础上建立起来的新理论，它是基于 $H_\infty$ 控制理论最优化指标的系统化设计方法，其能够处理多线性系统的鲁棒性问题，是一种比较流行的控制方法。其具有以下几种特点。

第一，鲁棒控制器问题被赋予一个清晰的理论；

第二，尽管鲁棒控制器是在输入输出矩阵的框架下展开的，但仍保留着状态空间方法中某些计算上的优点；

设计者可以在很大程度上控制由系统产生的频率响应的形状。但是仍存在算法上的问题，例如控制器的阶次往往太高，这是需要进一步完善的。因为拖体和拖缆的高度非线性、多变量系统带来的多自由度问题（横滚、俯仰、摇艏），水动力的计算误差和不确定的干扰等问题，这些都是拖体所要面对的鲁棒控制问题。应用 $H_\infty$ 控制理论对于解决拖体控制的鲁棒性问题有很好的改进。

滑动模态变结构控制系统于 20 世纪 60 年代由苏联学者 Emelyanov 提出的。20 世纪 70 年代以来，经过 Utkin、Itkis 及其他控制学者的传播和研究工作，历经了近四十多年来的发展，滑动模态变结构控制系统所呈现出的特有性质，例如对干扰的不变形和降阶特性，在国际范围内得到了广泛的重视，形成了一门相对独立的控制研究分支，并取得了许多基于滑动模态变结构控制系统为主要特征的研究成果。

滑动模态变结构控制器能够很好地解决由拖曳体非线性带来的鲁棒性问题。水下拖曳系统控制一般要求是对其轨迹和姿态的控制，由于高增益的滑动模态变结构控制的存在，其响应时间变快，但也带来了追踪能力差的缺点。

因此综上所述，如何建立合适的控制模型，是深海起伏式拖曳平台的关键技术之一。

（3）超长（万米级）流线型拖缆的收放及存储技术

深海拖曳平台，无论是美国的 OE6000 系统、日本的 JAMSTEC 深拖摄像系统，还是中国的 6 000 m 深海光学深拖系统，均配备了万米拖曳电缆及绞车系统。然而以上三套系统均只能在低速（2 ~4 kn）下作业，而且其功能均比较单一，无法进行起伏式剖面测量，因此作业效率低下。

深海拖曳平台系统中，拖缆的水下阻力起决定性作用，若想使其作业航速提高，必须减小拖缆的阻力且降低拖缆在作业时的抖动。目前，飘带加导流套的形式广泛应用于中、浅水高速拖曳系统中，即在绞车容缆卷筒的最外层的拖缆上加装导流套，而在绞车容缆卷筒的下层拖缆上加装柔性飘带，以此来减小阻力和减低抖动，并对绞车系统要求不高。导流套，如图3.28所示，深海起伏式拖曳平台绞车，如图3.29所示。

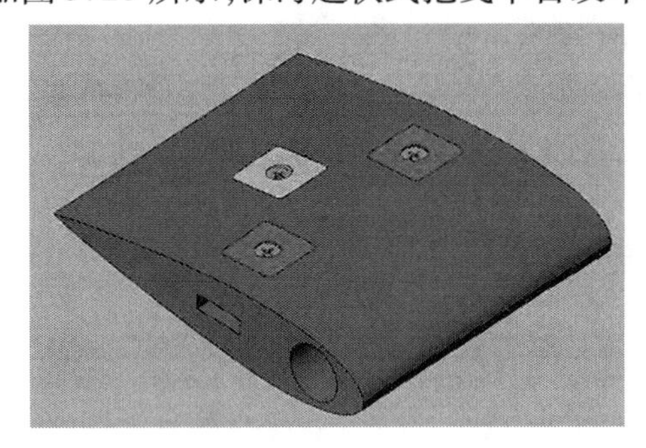

图3.28　导流套

图3.29　深海起伏式拖曳平台绞车

对于深海起伏式拖曳平台而言，飘带的增加并不能减小拖缆的流体阻力，必须在拖缆上全部加装导流套，从而形成流线型拖缆，才能满足其深海起伏式拖曳系统的要求。流线型拖缆在收放及存储上比裸缆要困难得多，且占用空间较大。为减小此类绞车的体积，满足装船要求，可以考虑将绞车分成两部分：一部分是牵引装置，起牵引作用，拖曳时，拖缆上的力大部分作用在牵引装置上；另一部分是存缆装置，起存贮流线型拖缆作用，由于传到存缆装置处的拖缆张力较小，拖缆上的导流套可以多层叠放而不会损坏。这样设计的绞车解决了流线型拖缆不能多层排缆或是要增加隔离层才能多层排缆的问题，可以在很大程度上减小绞车的体积。这种方案，目前能解决2 000 m以内的流线型拖缆的收放与存储问题。然而，对于万米以上超长的流线型拖缆的收放与存储，仍将是以后需要研究的主要关键技术之一。

## 3.3　深海原位监测技术

在我国正加快走向深海大洋的背景下，应积极开展深远海移动式海底监测网技术研究，形成一套在结构方面可集成多种监测传感器和原位试验设备，在数据传输方面实现信息及时交换，具备在特定关键海域，例如热液区、冷泉区、地震海啸灾害区实施多时空尺度的、移动式海底动态环境综合监测局域网络技术体系，以满足我国对深远海资源勘探开发、环境、灾害效应监测和深海洋研究的迫切需求。我国在深远海底综合监测能力上相对发达国家仍有不小的差距，难以形成对我国深远海资源勘探开发和科学研究的有效支撑。

我国从“十一五”开始启动南海监测网建设计划，并已经在相关技术方面取得了重要进展。2014年4月，在三亚召开了中国科学院“海斗深渊前沿科技问题研究与攻关”战略性先导科技专项(B类)启动会。“海斗深渊”先导专项以三亚深海所为依托单位，联合十二家院内研究所，以及多家高校和企业，计划利用五年的时间完成三次深渊科学考察航次，突破若干深渊探测关键技术，获取深渊基础地质、环境和生命数据，初步形成我国的深渊学科体系，形成支撑我国深渊科学研究及探测的技术装备系统。

着陆器作为深海科学研究的重要设备，虽然研发起步比较晚，但近年来对于着陆器的研发应用也取得一定的进展。

目前，我国着陆器的发展现状如下。

面向深渊科学近海底长时探测与采样应用需求，2014 年中国科学院沈阳自动化研究所和中国科学院深海科学与工程研究所联合研制的 7 000 m 深渊着陆器“天涯”号与“海角”号完成了浅海试验。“天涯”号与“海角”号着陆器，如图 3.30 所示。与商用着陆器通用平台和依赖单元部件集成的着陆器不同，“天涯”号与“海角”号着陆器具有以下几个技术特点。

(a)“天涯”号着陆器　　(b)“海角”号着陆器

**图 3.30　着陆器(陈俊等,2017)**

(1)区别于采用玻璃浮球作为电子器件耐压密封舱的常规集成设计，采用内部充油的普通舱体，实现了控制和摄像系统硬件的充油耐压，有效地解决了深度扩展带来的材料耐压及密封技术。

(2)自主研制的微生物原位富集与固定采样器(简称微生物富集装置)可在原位进行海水过滤，将微生物在滤膜上富集，并使用原位固定液来稳定和保护极易降解的核糖核酸，极大地提高了微生物的采样效率和品质。

(3)为提高高清摄像机抓拍生物的效率，设计了一种基于低功耗“诱饵 - 摄像”系统运动目标检测算法，在获得海底影像资料的同时，实现了对视场内出现生物的实时检测及对高清摄像机拍摄的智能触发。

(4)设计了一种防逃逸的深海生物诱捕器，以及一种自开口与封闭的沉积物采样器。

“天涯”号与“海角”号着陆器，具备深渊环境参数测量、光学监测，以及深渊采样等功能，以深渊生物学应用为主要目标，同时兼顾其他学科的应用需求，最长连续工作时间为 30 天。着陆器系统包括本体和科学负载，着陆器本体实现系统的下潜和上浮，并为科学负载提供安装基座、能源和信息交互接口。从实现功能上，可将着陆器本体分为运载子系统、控制子系统和能源子系统。着陆器搭载的科学设备包括温盐深仪(CTD)、溶解氧传感器(DO)、摄像机、高清摄像机、闪光灯、采水瓶、生物诱捕器、沉积物采样器和微生物富集装置,并辅以 LED 灯为摄像机照明。

2016 年 12 月份,由上海海洋大学深渊科学技术研究中心(深渊中心)和上海彩虹鱼海洋科技股份公司(彩虹鱼公司)组成的深渊科学考察队,通过用于科学考察作业"张謇"号科学考察母船布放自主研发的三台全海深探测器(着陆器)——"彩虹鱼",如图 3.31 所示,在万米深渊成功地开展了一系列科学考察工作。

**图 3.31 "彩虹鱼"着陆器(关毅,2019)**

目前,我国着陆器的发展趋势如下。

我国在深海综合监测能力上和欧美国家仍有不小的差距,继而难以对我国深海科学研究形成有效的支撑能力。着陆器的应用需要考虑多方面因素,包括布放和回收的方法、各种部件的材料的选择、机构结构设计、下潜和上浮速度、着陆技术、抽样技术、观察和测量的选择,以及电子和能量需求的选择。除了着陆器不可避免设计问题和使用问题,我国着陆器设备还存在以下几个问题。

(1)底基着陆器监测功能相对单一,且达到实验样机或工程样机水平,相关技术远未实现标准化和产业(品)化。

(2)着陆器所携带科学研究设备国产化率低。

(3)着陆器多传感器集成与智能控制、水下无线通信,以及包括着陆器在内的水下多底基监测平台间的组网协同监测等关键技术有待突破。

虽然着陆器可以实现的功能很多,但受到重量、体积及供能的限制,难以集所有功能于一体,只有与科学研究需求紧密结合起来,才能够有针对性地解决实际问题,更好地为科学研究服务。

由于深海原位监测具有复杂性和长期性特点,对于大多数特定的深海监测和原位实验,部署潜水器进行科学工作成本高甚至不可行。此外,深度超过 6 000 m 的深海海沟区域(深渊)具有低温、超高压、黑暗无光和构造活跃的特征,这都决定着陆器能够以其无缆、简单、高效、能够稳定长期工作的特点成为解决这些实际困难问题的有效解决方案,因此具备巨大的应用前景。

着陆器已成功应用于深海化学、物理、生物和地质过程的现场监测,取得了大量的重要成果,但在我国的深海洋研究中仍未大量应用。着陆器的研制和应用需要突破若干深海探测关键技术,从而获取深海基础地质、环境和生命数据,进而初步形成对我国深海科学研究及探测的技术装备系统的支撑。智能化、信息化成为着陆器原位监测装置的发展方向。

## 3.4　深海精细采样系统技术

目前,我国深海气密采水系统、深海热液保真采样系统、深海沉积物保真采样系统、海底表层多金属矿产采样系统和深海岩芯采样技术的发展现状如下。

**1. 深海气密采水系统**

相比国外,国内在海水采样领域的自主研究还比较滞后,国内研制的采水器大多是偏重于对国外产品的吸收。

国家海洋局第二海洋研究所开发了一种可控深海采水装置,如图3.32所示。该采水装置包括框架、采水器组、驱动传动单元及控制单元,采水器组由若干独立的采水器单元组成,采水器单元包括活塞式采水器及连杆机构式限位开关。

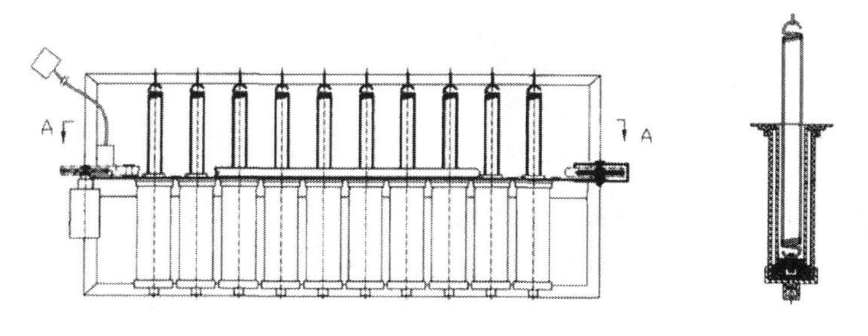


**图3.32　可控深海采水装置(潘建明等,2006)**

这种采水装置不仅满足深海高温、高压、高腐蚀的工作环境,可以有效保证采集水体样本的真实性,使样本水体不受玷污,而且可以根据需要在不同深度位置实时地控制采样动作,以准确采集不同深度位置的水体样本。

国家海洋局第三海洋研究所开发了一种大容量海水采水器,如图3.33所示。该采水装置包括下端部件、采水桶、上端部件和开闭装置。其特点是在采水器下潜过程中,采水桶内能保持一个较通畅的水流通道,保证了桶内的冲刷性能,从而保证采集水样的精度。该采水装置可以单独使用,采集单层水样,也可以组合使用,通过连击使锤采集多层水样。

国家海洋技术中心对于深海采水器的研究较早。国家海洋技术中心研制的多瓶自动采水器,于1984年参加了"向阳红16"号远洋考查,在太平洋上进行了首次深海采水试验。该深海采水器可装16个采水瓶,每个采水瓶容量2 L,一次总采水量可达32 L。该深海采水器所选用的材料均为非金属,尽量避免采样器自身的污染。在采样的方式上,避免了钢丝绳对水样的污染。国家海洋技术中心研制了一系列的采水器,如图3.30所示的是国家海洋技术中心研制的两种典型的采水器,图3.34(a)为Houskin卡盖式采水器,图3.34(b)为Houflo球阀式采水器。

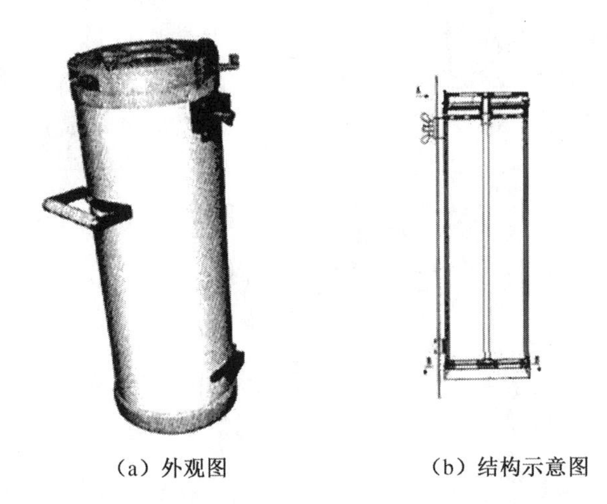

（a）外观图　　（b）结构示意图

**图 3.33　大容量海水采水器(留籍援等,2006)**

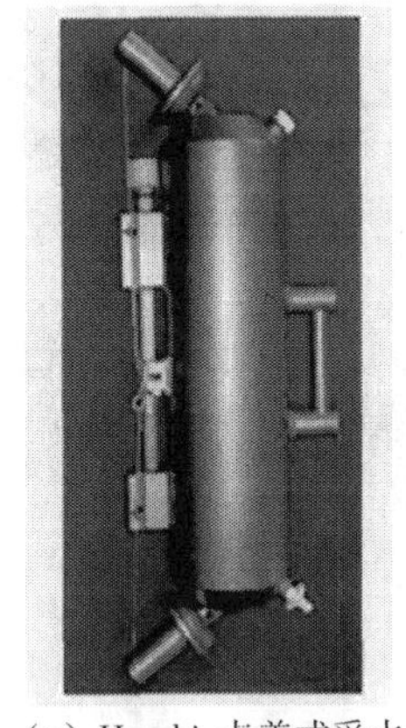

（a）Houskin卡盖式采水器

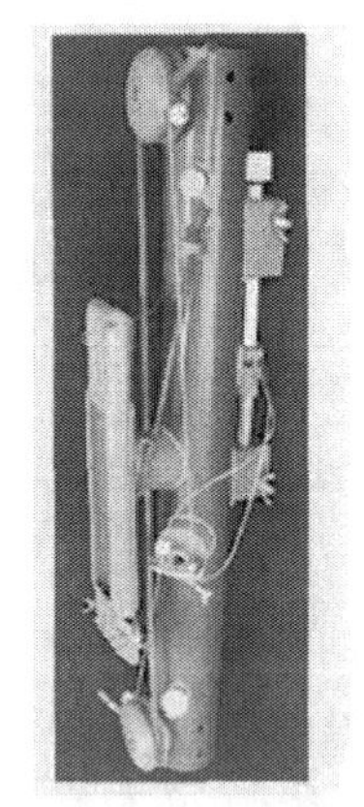

（b）Houflo球阀式采水器

**图 3.34　国家海洋技术中心研制的采水器 4(王欣,2003)**

**2. 深海热液保真采样系统**

在我国,浙江大学对深海水体采样器进行了一系列的研究工作,所研制的采样器多次参与国内外深海采样工作,同时对我国的深海水体采样工作做出了重要的贡献。

浙江大学研制的液压缸触发式气密保压采样器,如图 3.35 所示。在该型号的采样器中,使用了一种具有双向自密封功能的采样阀,即在采样前和回收后采样阀的密封力都会随着采样深度的增大而增大。这种采样阀的密封力受采样深度的影响,当用来采集深海样品时,需要提供很大的驱动力才能将采样阀开启。在应用中一般利用潜器的机械手夹持采样器,用机械手上的液压缸来提供驱动力,进而开启采样阀进行采样。

由于采样阀的驱动所需要的行程很小,一般为 3 ~4 mm,若直接用机械手的液压缸来驱动,很容易造成采样阀阀芯被顶到底部的现象。这种情况下,液压缸的驱动力直接传递到机械手上,可能对潜器的机械手造成损坏,不符合潜器操作规范。为了避免类似情况的发生,在采样阀上增加了采样阀液压驱动机构,通过转换,增加了液压缸的可移动行程,同时放大了对采样阀的驱动力。采样阀液压驱动机构的结构示意图,如图 3.36 所示。

液压缸触发式采样器结构简单,使用方便,成功地完成了热液口的采样工作。但这种采样器也有其弱点和局限性,如下。

(1)采样器需要和潜器的机械手,以及液压缸配合工作,无法应用于具有多个采样器单元的序列采样器。

图3.35　液压缸触发式气密保压采样器(杨灿军等,2009)

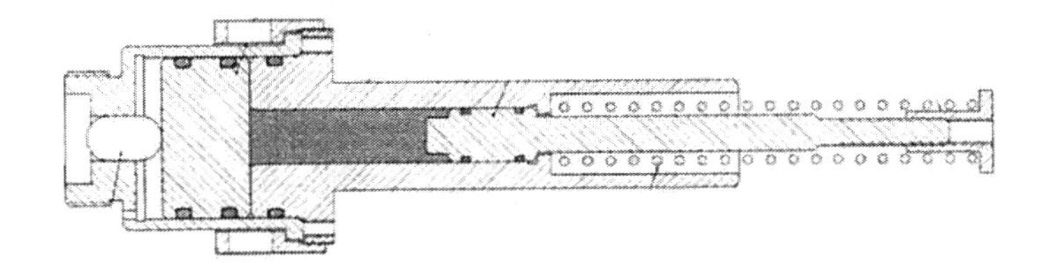

图3.36　采样阀液压驱动机构的结构示意图

(2)在采样过程中,在液压缸驱动采样阀的时候,采样器会在力的作用下发生抖动,容易造成因采样管的抖动造成周围海水混入的情况。

(3)开启阀所需的驱动力很大。

为了更加方便操作使用,降低驱动力,改善采样时因液压缸驱动力产生的抖动情况,浙江大学研制了另一款电控触发式气密保压采样器,如图3.37所示。该采样器采用采样器自带电控采样阀驱动器,无须外力即可打开采样阀采样。在这种采样器中,使用了一种压力平衡式采样阀,即开启采样阀所需的驱动力不受采样深度的影响,只需克服弹簧的预紧力即可。虽然降低了一定的密封性能,但是给采样阀的驱动带来了很大的方便。

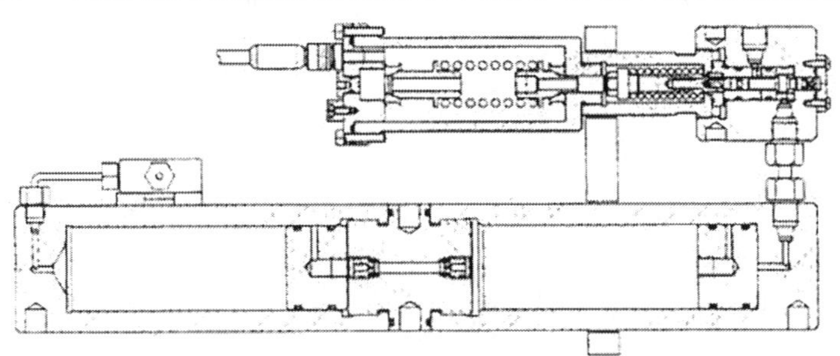

图3.37　电控触发式气密保压采样器

电控触发式气密保压采样器利用弹簧释放时产生的力来驱动采样阀打开。弹簧被压缩在一个封闭的腔体里,弹簧的限制是由缠绕的渔线完成的。当使用时,用电阻丝烧断鱼线,则弹簧被释放产生驱动力。这种方式结构简单,但缺点是制作复杂,且只能使用一次,在使用前也没有办法对驱动器是否可用进行测试。

**3. 深海沉积物保真采样系统**

我国沉积物采样装备研究起步于20世纪70年代。例如1988年,中国科学院海洋研究所张君元等成功研制了一种安全重力活塞式采样器;1996年,国家海洋局第一海洋研究所开展了重力活塞式采样器的研制;2001年以来,浙江大学开展了深海沉积保真采样设备的研制。

目前我国吸收国外同类采样器的设计优点,研制了主尺度长为23.5 m,总重达3.2 t的大型重力活塞采样器。该采样器采用了全封闭刀口联合管口封和带可调压限压阀的球阀式活塞等关键设计,在东海北部冲绳海槽703水深处,成功取到柱状岩芯,取芯率创国内沉积物重力活塞采样记录。

目前,我国的船载沉积物采样设备中,能获取较高质量沉积物样品的设备是多管采样器和沉积物保真采样器。

多管采样器采用了Craib(1965)单管采样器的水压阻尼原理,控制采样管缓慢地插入沉积物中,从而可以尽可能地保留近底层海水和絮凝状的表层沉积物样品,然而从样品采集到调查船的甲板上有一个比较长的过程,一般5 000 m以上的水深要2~3 h,并且在这个过程中压力和温度是在不断变化之中,多管采样器最大的缺陷是在采样器回收过程中样品不能保真保存,导致样品中气相溶解组分散失、嗜压型微生物死亡、变价离子氧化态改变,以及有机组分分解,部分指标很难反映沉积物在深海的真实情况,从而不能满足特殊的科学研究需要。

深海沉积物保真采样系统则没有很好地解决样品扰动的问题。浙江大学"十五"期间在863计划的支持下,开发了深海沉积物保真采样器,实现了对4 000 m左右的沉积物进行保压采样,保压指标达到了95%。可惜的是,该设备没有很好地解决样品扰动的问题。其主要有以下几种缺陷。

(1)该采样器的机械结构设计使得采样管采样时快速插入沉积物,容易产生压力波效应,扰动表层沉积物。

(2)为了实现保压,该采样器在传统采样机构的上方增加了一套保压舱体,在采样完成后将沉积物样品拉到保压舱体里保压,其机械结构在拉动沉积物样品在进入保压舱体和密封时不可避免地产生强烈冲撞,结果振动了沉积物样品,甚至有时会导致样品脱落。

(3)为防止样品脱落,在采样管底部增加了沉积物支撑花瓣装置,该支撑花瓣装置会在采样时造成样品的扰动。

由我国自主设计制造的7 000 m级载人深潜器——"蛟龙"号HOV,装有7功能主从式和开关式机械手各一只,另外可根据任务需要安装沉积物采样器。潜航员通过操作机械手,使用深海沉积物保真采样器获取沉积物样芯。机械手采集沉积物采样芯,如图3.38所示。

2017年5月3日,"蛟龙"号在南海东沙东南部调查区进行第二航段第5次下潜(总第138潜次),最大下潜深度为2 540 m,作业时间为9 h45 min,其中海底作业时间为6 h

21 min。此次作业取得了高精度测深侧扫调查数据，获取了10管短柱状沉积物样品、16 L近底海水、1只海星和2只海甲虾。

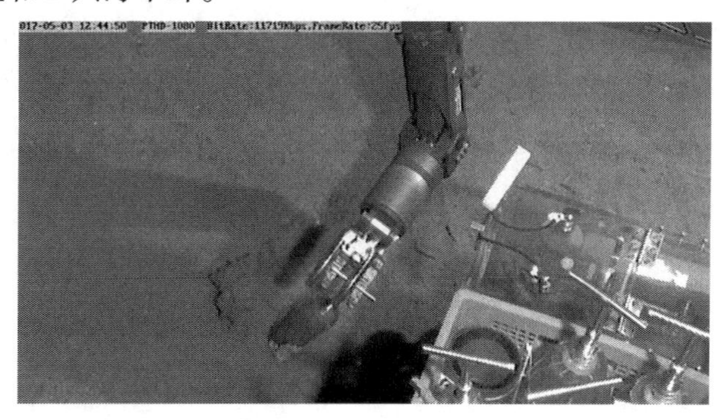

图3.38　机械手采集沉积物采样芯(张晓曦等,2018)

### 4. 海底表层多金属矿产采样系统

目前，我国深海采样技术还处于发展阶段，无论是在理论研究，还是在深海地质调查、资源勘探等方面，都与发达国家都存在着不少差距。在近50年来，我国相关部门大力研究了多种采样技术，并研制出多种多样的深海地质采样器，逐步由表层勘探向深层地质岩芯探取发展，逐渐拉小与世界发达国家在该技术领域上的差距。国内近年来深海采样设备及性能，如表3.2所示。

表3.2　国内近年来深海采样设备及性能

| 采样设备 | 主要特点 |
| --- | --- |
| 中国科学院海洋研究所设计的DBW－25型表层采样器 | 该设备是抓斗型探取设备，优点是密封性较好，结构坚固 |
| 山东省海洋仪器仪表研究所设计的DDCI－1型采泥器 | 该设备是抓斗型探取设备，主要用于探取江海湖表层地质样品 |
| 自然资源部第一海洋研究所设计的重力活塞采样柱 | 该设备主要用于探取深海地质表层沉积物，其在东海科学考察中首次采集长达17.11 m的柱状沉积物样品，刷新了我国沉积物采样的最大长度 |
| 长沙矿山研究院设计深海浅层地质岩芯采样钻机 | 该设备主要用于探取深海浅地层岩芯，可有效探取深海矿物，在太平洋富钴结壳勘探区多次成功应用，大幅度提升我国深海地质勘探的技术水平，填补国内该项技术的空白 |

2015年6月，“海马”号转战西太平洋，投入大洋第36航次的应用作业。在采薇海山复杂陡坡的地形环境中圆满完成了6个站位富钴结壳资源探查任务并拍摄记录了近百分钟的海底高清视频，利用机械手抓取了数十公斤结壳样品和钙质沉积物样品，获取了全程物理

海洋测量数据和海底原位水样,首次对自主研制的小型钻机和切割机进行了实际应用试验。“海马”号在采薇海山的成功作业实践,是我国自 1997 年起,在开展了近 20 年海山区结壳资源调查工作中的一个质的飞跃,填补了我国在该领域技术手段的一项空白。“海马”号机械手进行富钴结壳采样,如图 3.39 所示。

**图 3.39 “海马”号机械手进行富钴结壳采样**

“蛟龙”号 HOV 于 2016 年执行大洋第 37 航次调查任务的期间,首次搭载并应用了自主研发的小型海底钻机进行海底底质钻探采样,成功获取了 4.5 cm 的岩芯样品。作为“蛟龙”号 HOV 配套的海底作业工具之一,该系统采用金刚石钻进取芯方式,搭载于 HOV 前部,利用 HOV 的液压源提供动力,由载人舱内的潜航员操作潜水器与作业工具之间的复杂配合来完成海底硬岩的浅孔取芯任务。小型钻机采样,如图 3.40 所示。

**图 3.40 小型钻机采样(杨磊等,2014)**

**5. 深海岩芯采样技术**

我国海底岩芯采样钻机的研制起步较晚,但是通过科研人员的不懈努力,于 2000 年成功研制出我国第一台深海浅地层岩芯采样钻机。该岩芯采样钻机适用水深为4 000 m,取芯直径为60 mm,钻深能力为0.7～2 m。因此我国深海浅地层岩芯采样钻机的主尺寸长为1.8 m、宽为1.8 m、高为2.8 m,如图3.41所示。

图3.41　我国深海浅地层岩芯采样钻机(万步炎等,2006)

2008年初,国家高技术研究发展计划(863计划)海洋技术领域启动了“深海底中深孔岩芯采样钻机的研制”重点项目,目标是研制我国额定工作水深为1 000～4 000 m,岩芯直径为50 mm,钻深能力达到20 m的海底中深孔岩芯采样钻机。我国海底中深孔岩芯采样钻机的主尺寸长为2 m、宽为2 m、高为4 m,如图3.42所示。

图3.42　我国海底中深孔岩芯采样钻机(朱伟亚等,2016)

2012 年初,在国家高技术研究发展计划(863 计划)的支持下,我国启动了"海底 60 m 多用途钻机系统技术与应用研究"重点项目,开始研制额定工作水深为 1 000 ~ 4 000 m,岩芯直径为 50 mm,钻深能力达到 60m 的海底中深孔岩芯采样钻机系统。

目前,我国深海气密采水系统、深海热液保真采样系统、深海沉积物保真采样系统、海底表层多金属矿产采样系统和深海岩芯采样技术的发展趋势如下。

**1. 深海气密采水系统**

目前,我国针对深海气密采水系统主要问题包括气密技术、防污染技术、防腐蚀技术和采水器控制技术等方面的不足。我国采水样的技术与国际深海海水采样技术相差不大,我国研发的保压气密采样器在国际上也处于前列,在超过 6 000 m 深的深渊采样中频频打破同类采样器的世界纪录,现在的主要问题是全海深的海水采样器的研制。

**2. 深海热液保真采样系统**

目前,我国针对深海热液保真采样系统主要问题同样包括高温高压密封技术、防污染技术、防腐蚀技术和采样阀深海驱动技术等方面的不足。热液保真采样器可以获取热液喷口原位的流体样品。但是保真容器在采样过程中很容易被海水污染。另外,由于保真采样器依靠电池提供的能量对样品进行保温,受电池能量的限制,在保真容器收回的过程中,往往不能保证热流液流体样品的温度恒定。

**3. 海底沉积物保真采样系统**

目前,我国海底沉积物保真采样系统的主要问题包括无扰动接触采样的技术和样品无扰动现场保压技术等方面的不足。主要是无扰动接触采样技术和样品保真技术的研制,以达到对海底沉积物无扰动采样和样品的高保真。目前,我国海底沉积物保真采样系统的难点是突破对全海深海底的沉积物保真采样技术。

**4. 海底表层多金属矿产采样系统**

目前,我国海底表层多金属矿产采样系统在下潜深度方面已能达到世界先进水平,采用机械手抓取海底表层多金属矿产采样技术已经相当成熟,但是结核钻机的研制还与国外的钻机技术有一定差距,主要表现在取芯长度较短和小型岩芯样品的保真技术不成熟,无法达到原位取芯。

**5. 深海岩芯采样系统**

目前,我国深海岩芯采样系统已经取得了一系列突破,但在取芯技术和保真技术方面依然存在不足,在钻进深度、采样器对海底底质适应范围和取芯率与世界先进技术还存在一定差距。我国的最大钻进深度为 60 m 左右,而世界最大钻进深度已能达到 80 ~ 100 m;取芯率不稳定且偏低的问题,目前世界上还没有得到根本解决,这也是我国深海岩芯采样系统的难点。

# 3.5　深海原位监测探测传感器技术

传感器是海洋监测的关键部件和关键技术，也是制约我国海洋监测技术发展的瓶颈。近年来，在国家支持下，我国深海原位监测/监测传感器仪器系统得到了一定发展，温盐传感器已形成系列产品，完成了海洋剪切流测量传感器样机的研制，推进了我国海洋动力环境监测/监测技术的发展，同时开发了一批生态环境监测传感器试验样机，推进了我国环境生态、环境监测传感器技术的发展。但总体与国外仍有较大差距，目前只有浙江大学、中国科学院海洋研究所、中国科学院广州地球化学研究所、国家海洋局所属海洋研究所、上海交通大学、中国海洋大学等少数科研院所开展过相关研究工作。浙江大学的陈鹰、杨灿军等学者针对深海高温热液区的原位传感器探测系统、气体分级递阶采样分析装置、原位温度长期探测系统等装置进行了研究，取得了一系列研究成果。上海交通大学的任平、马厦飞等学者也对保压深海热液采样器进行了研究；中南大学李力、金波等开发出了深海悬浮颗粒物和浮游生物浓缩生物传感器；国内对于热液喷口通量的研究虽起步较晚，但近年来发展迅速。栾锡武、赵一阳和秦蕴珊对热液喷口通量计算的理论进行了分析，根据热液烟囱计算得到的全球热液系统输向海洋的热通量为 53 GW，而根据热液漫溢计算得到的热通量为 304 GW。国家海洋局第二研究所陶春晖、中国海洋大学翟世奎等都对热液喷口流量估算与分析方法进行了较为系统的综述分析。

以“蛟龙”号 HOV 为代表的深海运载平台同步发展了众多的传感作业仪器，例如“蛟龙”号 HOV 搭载的采样篮和样品存放箱、生物诱捕器、沉积物采样及探测器、取水器、温度梯度仪、流体采样器、土工力学原位测试仪、多级原位海水微生物采样系统、多参数测量传感器、多参数电化学传感器，如图 3.43 所示。还有深海 ROV 光电传感器系统、海底热液保真采样、热液喷口温度测量、小型钻机等，大幅提高潜水器作业效率，促进了深海综合监测技术装备的研发与应用。

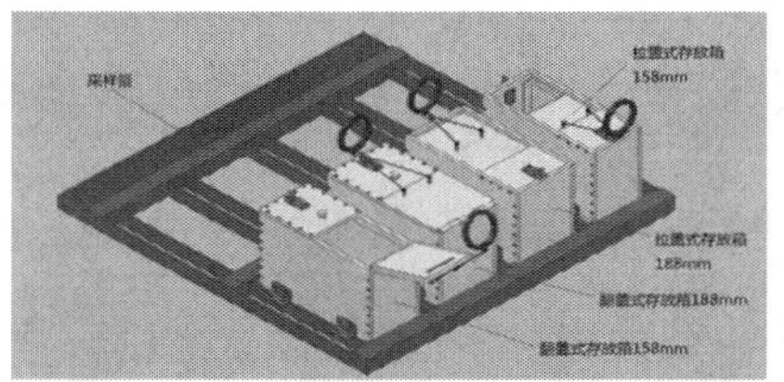


（a）采样篮和样品存放箱

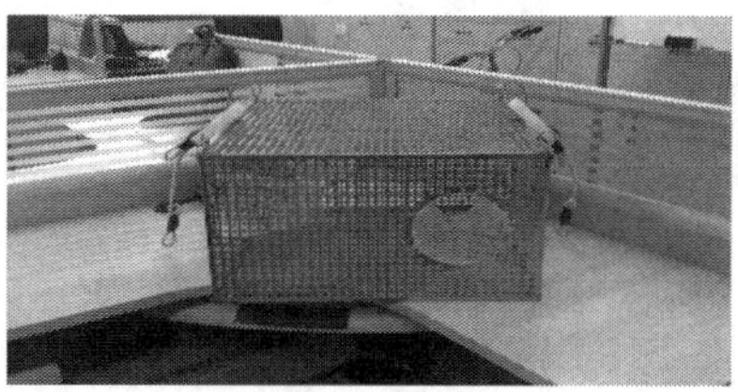

（b）生物诱捕器

（c）沉积物采样及探测器

（d）取水器

（e）温度梯度仪

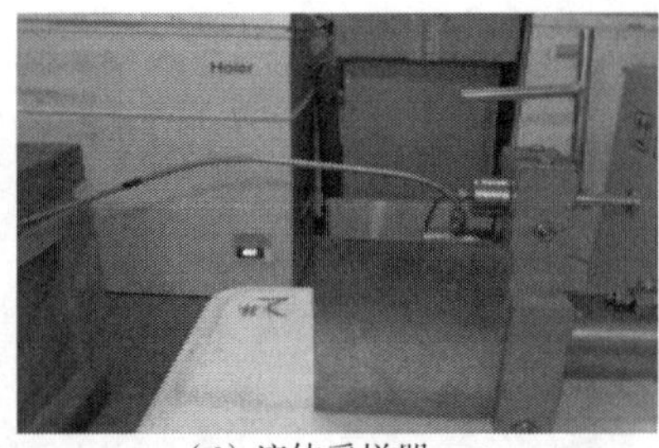
（f）流体采样器

（g）土工力学原位测试仪

（h）多级原位海水微生物采集系统

（i）多参数测量传感器

（j）多参数电化学传感器

**图 3.43 “蛟龙”号 HOV 上搭载的传感作业仪器（shi 等，2019）**

除此之外，在温度和电导率传感器、微结构剪切流传感器、溶解氧传感器等方面也开展了大量研究，取得了巨大成果。

温度和电导率传感器——研制了高精度、高稳定性、耐高压、快速响应的温度传感器，突破了专用精密调试设备、耐高压和快速响应敏感元件及其封装工艺、敏感元件的测试方法等关键技术，所研制的海洋探测快速温度传感器完成了海上试验；完成了基于光纤布拉格光栅的光纤温度链和传感光缆的研制，研制成功了高精度三电极电导率传感器，建立了国家标准；完成了开放式四电极电导率传感器样机研制，解决了传感器转换电路的噪声抑制和微小信号的提取等技术难题，建立了低膨胀系数无机非金属材料和高膨胀系数金属铂电极的烧结及封装工艺。

微结构剪切流传感器——开展了剪切流传感器技术研究，解决了关键技术，开发出了剪切流传感器样机，并取得相关技术专利，其传感器各项性能已经达到了国外传感器水平，已试用于“海洋内波测量系统”“可回收投放式剖面监测浮标系统”等项目中。

溶解氧传感器——自行研制的 2 种溶解氧传感器已通过定型鉴定，一是基于原电池测氧原理的溶解氧传感器，二是基于荧光测量技术和荧光猝灭原理研制的溶解氧传感器；开发了 2 种 pH 测量传感器，一是采用 pH 敏感玻璃电极与参比电极构成的复合电极 pH 传感器，二是采用固态 $Ir/IrO_2$ pH 电极与固态 Ag/AgCl 参比电极构成的电位差传感器；完成了氧化还原电位(ORP)和浊度传感器的研制,研制了ORP的工程样机,完成定型鉴定。

## 3.6　我国深海科学研究计划

### 1. 全球海洋立体监测网

集合海洋空间、环境、生态和资源等各类数据,整合先进的海洋监测技术及手段,实现高密度、多要素、全天候和全自动的全球海洋立体监测。将在海洋经济发展、海洋科学研究、海洋防灾减灾、海洋污染防治和海洋生态环境保护等多方面发挥重要作用。

全球海洋观测与监测能力建设将积极参与国际计划,覆盖21世纪海上丝绸之路沿线国家近岸近海和南北极等海域。其监测网具体包括与海上丝绸之路沿线国家合作建设和维护海上丝绸之路沿线的观测与监测系统,保障海上通道安全,为沿线国家提供海洋环境保障服务;与"雪龙探极""蛟龙探海"等重大工程互相衔接、互相支持、互相保障,集成成果,提升极地和深海深渊探测能力。此外,还计划建成太平洋和印度洋观测与监测系统,进一步参与国际监测计划和数据共享,与国际社会共同建设和维护覆盖太平洋和印度洋重点关注区的长期观测与监测系统,提升对大洋环流、台风生成和传播、厄尔尼诺/拉尼娜现象、印度洋季风、海洋酸化等重要海洋、气候和环境变化过程的实时监测和预测能力。

### 2. "蛟龙探海"工程

在我国"十三五"规划中,"蛟龙探海"是165个重大工程之一,也是海洋领域的四个重大工程之一。"蛟龙探海"工程提出的建议目标包括,到2020年,要升级"三龙"("蛟龙"号载人潜水器、"潜龙"系列无人无缆潜水器和"海龙"系列无人缆控潜水器)装备体系,发展新一代深海技术和提高装备制造水平;全面提升深海资源认知和勘探技术水平,以资源开发与环境管理计划等规章建设为切入点,完成矿区申请与保护区建设战略布局;完善深海生物基因资源库,推动深海生物基因产业发展。到2030年,全面实现建成深海强国的总体目标,通过"蛟龙探海"工程拓展深海活动的多元需求,引领深海治理体系变革;完成深海资源与空间开发利用的技术储备,完善深海战略产业布局和制度建设,壮大深海新兴产业。

### 3. 智慧海洋工程

"智慧海洋"工程提出了国家海洋大数据平台的规划设计,主要采用"集中+分布"模式开展建设,工程的总体布局包括数据中心、国家海洋云、数据流通和数据管理4层布局。总体上看,"智慧海洋"工程搭建了完整的国家海洋业务体系,运用海－陆－空－天－潜五位一体的实体信息统筹和军民融合发展,加快突破海洋感知技术、五位一体通信技术、大数据处理技术、安全维护技术和应用技术等,推动海洋立体感知网、海洋宽带互联网、海洋大数据处理中心、海洋全维安全管控中心、海洋智能应用中心技术的发展和海洋网络信息服务体系建设。实现海洋感知透明化、联络自由化、数据共融化、制造智能化和产业连动化,提升保护海洋环境、开发海洋资源、拓展海洋经济、维护海洋权益等经略海洋的能力。

**4. 深海空间站**

深海空间站是面向2030年，我国部署的15个重大科技项目之一，深海空间站是在HOV基础上发展起来的新一代居住型深海作业平台。深海空间站可实现原位探测及监测，为科学家提供海洋突发事件和长时间序列研究的海量数据，可以预测地震、海底火山喷发，监测地壳变异、海洋物理、海洋化学等参数变化。深海空间站代表着海洋领域的前沿，它需要“一主两辅”。“一主”是深海空间站主体；“两辅”是保障船和水下运载器。深海空间站和深海长期监测系统是人类征服海洋空间的大门。深海载人装备是水面支持平台和海底固定式空间站、深海长期监测系统之间的物理连接纽带，除了负责海底调查、数据传输、运输等任务外，还可以对海底固定式空间站和深海长期监测系统进行能源补充。

**5. 国家重点研发专项**

863计划海洋技术领域“深海潜水器技术与装备”专项(十二五)，支持了4 500 m HOV、4500 m ROV、4500 m AUV的研制。4 500 m HOV正在开展海试，按照现有条件，需要3年左右完成海试和试验应用，业务化运行后每年可完成约30～40次下潜作业；4 500 m ROV(“海马”号ROV)已在南海投入应用；4 500 m AUV(“潜龙二”号AUV)参加两次西南印度洋资源调查。然而，根据“蛟龙探海”工程计划，“十四五”期间，我国在五大深海矿区需要完成数万平方公里的广域精细调查、数百个站位的局域精细勘查，原HOV、ROV、AUV远远无法满足“十四五”的需要。根据需求估算，需要再建造1条4 500 m HOV、再建2套“潜龙”号AUV集群、3台“海龙”号ROV，以满足我国“十四五”深海精细调查的需求。

国家重点研发计划“深海关键技术与装备”专项，重点任务是突破制约我国在深海领域发展能力的核心共性关键技术，如下。

(1)全海深(最大下潜深度11 000 m)潜水器研制及深海前沿关键技术研究。

(2)1 000～7 000 m级潜水器通用配套技术及作业能力建设。

(3)深远海核动力浮动平台技术研究。

(4)深海能源矿产开发共性核心技术装备、试采技术研发及运用。

国家重点研发计划“深海关键技术与装备”专项与“蛟龙探海”工程相关的主要是第(1)项和第(4)项。

国家重点研发计划支持的全海深自主遥控潜水器(ARV)，主要进行关键技术攻关，实现全海深进入的技术突破，完成的是原理试验样机。“蛟龙探海”工程将在全海深ARV技术基础上，打造实用化的全海深ROV装备，提高探测和作业能力。

国家重点研发计划支持的深海多金属结核采矿试验工程，主要研究1 000～3 000 m级试开采水下装备。“蛟龙探海”工程将在此基础上，建立船上支持保障系统，形成重大装备试验能力。

# 第4章　面临的问题

## 4.1　海洋科技计划的顶层布局

目前,世界主要强国在海洋科技计划的顶层布局初现,世界大格局环境进入白热化竞争。

**1. 美国**

美国的海洋科技计划的顶层布局紧密围绕着美国整体国家海洋政策。2010年7月,美国总统奥巴马签署了12547号行政命令,以建立美国首个国家海洋政策。该国家海洋政策要求建立一个基于科学的决策方法,以促进国家海洋资源的管理。作为美国《海洋、海岸带和五大湖管理国家政策》的一部分,2012年美国国家海洋理事会(Nation Ocean Council)公布了《国家海洋政策执行计划》。该执行计划指出,未来美国国家海洋政策将重点侧重以下9个方面。

(1)基于生态系统的管理;

(2)海岸带和海洋空间计划;

(3)支持决策和提升认识;

(4)协同和支持(管理);

(5)对气候变化及海洋酸化的恢复力及适应性;

(6)区域生态系统保护和恢复;

(7)陆地水质及可持续性;

(8)改变北极的状况;

(9)海洋、海岸带及大湖区监测、绘图及基础设施建设。

鉴于旧版的《绘制美国未来十年海洋科学发展路线图》已不能适应当前的海洋发展现状,2013年2月美国国家科技委员会(NSTC)发布了《一个海洋国家的科学:海洋研究优先计划(修订版)》,重新对美国国家海洋研究关键领域进行了阐述。

该计划列出了人类社会与海洋相互作用的关键领域。每个优先研究事项都将自然和社会科学方法相结合,目标是提升科学研究水平,并解决国家及全球面临的诸多海洋问题。优先研究领域及优先研究事项如下。

(1)支持国家需求的海洋科学:海洋酸化研究与北极地区环境变化。

(2)社会科学研究主题:海洋自然资源和人文资源的管理;提高自然灾害和环境灾难的恢复力;海洋运输业务活动及海洋环境;海洋在气候变化中的角色;提升生态系统健康;增强人类健康。

作为全球最有影响力的基础科学研究资助机构,美国国家科学基金会(NSF)的研究方向对美国乃至全球具有巨大的影响力。NSF 对未来研究方向的选择极为重视,为集中优势资源聚焦研究目标,NSF 于 2013 年请求美国国家研究理事会(NRC)对未来 10 年海洋科学的研究方向和目标进行分析研究。2015 年 1 月,NRC 完成并发布了题为《海洋变化:2015—2025 海洋科学 10 年计划》的报告。

根据该报告的分析,未来 10 年美国海洋科学应优先关注如下 8 个科学问题。

(1)海平面变化的速率、机制、影响及地理差异;

(2)全球水文循环、土地利用、深海涌升流如何影响沿海和河口海洋及其生态系统;

(3)海洋生物化学和物理过程如何影响当前的气候及其变化,并且该系统在未来如何变化?

(4)生物多样性在海洋生态系统恢复中的作用,以及生物多样性将如何受自然和人为因素的影响?

(5)到 21 世纪中叶及在未来一百年中海洋食物网将如何变化?

(6)控制海洋盆地形成和演化的过程是什么?

(7)如何更好地表征风险,并提高预测大地震、海啸、海底滑坡和火山喷发等地质灾害的能力?

(8)海床环境的地球物理、化学、生物特征是什么,它如何影响全球元素循环和生命起源与演化?

此外,该报告还指出,由于 NSF 的海洋学经费在未来 10 年不可能出现明显增长,恢复核心科学领域经费的唯一方法是减少基础设施方面的支出。报告同时指出,这样的减支存在对海洋科学研究造成部分不利影响的可能。

**2. 日本**

日本政府通过制定《海洋基本法》和《海洋基本计划》来确保国家在海洋科技方面的发展。

2007 年 7 月,日本政府颁布了《海洋基本法》作为统领日本海洋开发、利用和保护领域行为规范的基本法,为日本海洋事业的发展提供了根本性的法律保障。该法还明确规定了日本海洋政策中重视海洋环境保护和海洋安全;不断充实海洋科学知识以期促进海洋产业发展;通过国际合作带动海洋事业的国际化进程等多个先进理念。

在《海洋基本法》基础之上,日本内阁于 2008 年 3 月 18 日正式通过《海洋基本计划(2008—2013)》,并于 2013 年进行了第一次修订,提出了未来 5 年海洋政策新指南。在广泛征集修改意见的基础之上,于 2013 年 3 月 26 日正式通过了《海洋基本计划》(2013—2017)决议,提出了 12 项新举措。在 12 项新措施中,海洋基础科学研究的布局主要涉及以下几个方面。

(1)新型调查设备开发与新技术引入;

(2)海底地形、地质、潮流、地壳构造和领海基线等基本数据调查;

(3)海洋背景数值的年度变化;

(4)海水、海底土壤和海洋生物的放射性监测。

重点推进全球变暖与气候变化的预测及适应、海洋能源与矿物资源的开发、海洋生态系统的保护与生物资源可持续利用、海洋可再生能源开发和自然灾害应对等 5 项与政策需求相对应的研究开发。为构建对海洋及地球相关领域的综合理解、开拓新地学前沿的科学技术基础,推进监测、调查研究,以及分析等研究开发工作;推进与海洋相关的基础研究,以及与国家存在基础相关的中长期技术、海洋空间综合理解所需要的技术,推进世界领先的基础技术研究开发等各个方面。

**3. 俄罗斯**

20世纪90年代末期,俄罗斯就公布了名为"世界大洋"的海洋规划。该规划分3个阶段:第1阶段目标是形成进行主要的深海大洋勘探开发的技术和工艺的科学基础;第2阶段目标是获取工业规模的矿物原料;第3阶段是根据国家发展战略、俄罗斯的国际地位及资源需求,形成新的深海大洋战略。

俄罗斯联邦至2020年期间的海洋政策《俄罗斯联邦海洋学说》在关于科技方面,除提出加强与海洋有关的科技活动,特别强调对各大洋底层生物和矿物资源的勘探和开发,再次显示出俄国家海洋资源开发的政策指向。

俄罗斯利用国际海洋立法的某些空白,抢先立法,来攫取海洋利益。俄罗斯利用《联合国海洋法公约》第76条,在世界首次制订并向联合国提交了论证俄罗斯北冰洋和太平洋大陆架外部边界的申请。论证俄罗斯北冰洋大陆架外部边界问题,为俄罗斯确定了大陆架以外120万平方公里面积的主权,扩充了俄罗斯在北冰洋的地缘政治利益。

## 4.2 深海治理体系

目前,深海治理体系面临着复杂又深刻的变化,因此强化深海监测、提升深海认知水平是引领国际深海新秩序变革的重要举措。

《联合国海洋法公约》生效以来,西方发达国家在国际深海事务中仍占据优势地位。随着发展中海洋大国的崛起,传统海洋强国与发展中海洋大国之间话语权差距逐步缩小。同时,传统海洋强国与新兴海洋大国两大阵营的内部利益分歧逐步加大,从而导致主导权之争更为激烈。

深海活动是海洋强国引领全球深海治理体系变革的重要举措。开发和利用深海空间是人类谋求未来生存与发展最现实的选择,也是21世纪国际政治经济秩序变革的焦点所在。深海资源勘查开发和环境保护面临着诸多人类社会共同的机遇和挑战,是当前深海活动最重要的主题。为此,深海活动不仅是世界各国综合实力的体现,更是海洋强国引领未来全球深海治理体系变革的重要举措。2015年"联合国大会69号决议"对"国家管辖海域外海洋生物多样性(BBNJ)"公约的子议题进行谈判,以期在2018年形成《海洋法公约》第三个具有法律约束力的文书。BBNJ谈判的内容聚焦在深海基因资源惠益共享、深海保护区建设和深海活动环境影响评价等,这必将规范各国的深海活动,并对未来的海洋格局产生重要影响。这一决议标志着生态保护已由深海资源开发领域延伸至整个深海活动领域,也由国际海底区域扩展至包括各国管辖范围内的整个深海区域,预示着一系列的规范深海活动的规章制度(例如国际深海空间开发利用规章)即将出台。这些规章制度必将推动全球深海治理体系产生新的重大变革。

## 4.3 深海技术革命

目前,深海技术革命蓄势待发,成为深海活动领域竞争的制高点。深海大范围高效探测成为拓展深海活动的技术瓶颈。始于20世纪80年代的大水深探测技术实现了人类了解和进入全球99%海底的目标。进入21世纪,深海大范围高效探测技术成为制约深海活动的技术瓶颈和竞争焦点。2014年的"马航事件"及随后的深海搜救活动,使人类社会更为清晰地认识到大范围高效探测技术的重要性,发展大水深、大范围高效探测技术成为海洋强国的普遍共识。新一代深海探测技术、资源开发技术、深海通用技术和重大工程装备开发制造能力,是未来深海产业竞争的核心要素。新一代深海技术装备发展需要多领域合作,特别是有赖于装备制造业能力的整体提升,因此成为海洋强国深海活动竞争的制高点。同时,新一代深海技术与装备及其所带来的深海综合信息,其多目标应用乃至深海信息产业化也将成为深海权益和利益竞争的重要组成部分。

## 4.4 监测尖端技术

受多方面因素的影响,我国海洋探测监测核心技术相对落后,缺少原创性技术成果。现场原位监测技术、海底监测网络技术和深远海监测技术等监测尖端技术的研发刚刚起步,能力十分薄弱,极大地限制了我国参与全球海洋与气候变化研究领域的工作;大部分常规探测调查仪器设备依赖进口,难以进行几年、几十年的长期连续监测;在深海运载技术方面,还没有形成HOV、ROV和AUV等综合的应用技术体系;海底地球物理探测技术亟待研发,常用的重、磁、电、震、声等仪器设备几乎全部进口。我国海底监测技术的研发起步较晚,特别是深海的海底监测技术,因此要实现海底监测网络的建设,还存在有很多技术瓶颈和难题,包括长距离高保真的数据和电能传输海底光纤电缆,全自动耐高压低功耗的海底监测仪器等。

## 4.5 综合性监测

不能满足长期、连续、实时、多学科同步的综合性监测要求。各地的临海监测台站,功能较为单一、专业,不利于对整体过程和相互作用进行精细深入的刻画。缺少长期、系统和有针对性的近海海洋科学监测,是导致对我国近海诸多重大海洋科学问题的认识肤浅、争论长久、难以取得重大原创性成果的主要原因,因而是制约我国海洋科学发展的主要瓶颈之一。随着我国国民经济的发展和社会进步,海洋经济和海上军事活动日益增加,众多新的海洋科学问题摆在科学家面前等待解决。从满足海洋科学技术创新的需求出发,针对关键海域的重大海洋科学问题,加强近海区域性长期综合监测网络建设,获取全天候、综合性、长序列、连续实时的监测数据,对于我国海洋科学发展与重大海洋科学问题的解决迫在眉睫。

# 第5章　政策保障与发展建议

## 5.1　目标定位基本思路

加强机制创新,发展国家支持与社会参与并重的操作模式。在国家层面,通过资金投入和风险控制,把握深海科技和产业发展的大方向;在社会层面,利用多元市场主体公平参与国际海域市场竞争,同时研发创新与成果转化并重,聚焦新一代深海探测开发装备技术、矿产资源勘探开发技术、生物资源采集利用技术。加强成果转化,强化机制体制创新,突破技术应用瓶颈,创设转化载体,谋划深海科技创新和成果转化示范工程,建设深海产业培育示范基地。积极参与深海资源开发的国际合作,以产业链、创新链、价值链全球配置推动我国深海科技和产业发展。坚持独立自主推进重大技术装备研发,避免重大产业开发领域遭受技术封锁。

## 5.2　发展领域与视角

(1)与建设海洋强国战略相结合——科技先行是基础;

(2)与国家安全战略相结合——消除资源卡位是关键;

(3)与国家区域发展战略相结合——重大战略指向区域是载体;

(4)与创新驱动发展相结合——创新驱动战略的重要组成部分;

(5)与培育新动能相结合——深海资源产业化开发是潜力股;

(6)与拓展发展空间相结合——深海(极地、太空)是主要领域。

## 5.3　发展目标探讨

到2030年,深海科技和产业发展整体水平由“跟跑”为主,向“领跑”转变,跻身国际深海领域领先行列。其发展目标主要有以下几方面。

(1)实现我国深海科学基础研究达到新高度,深海找矿理论、深海资源评价研究达到国际先进水平。

(2)深海环境影响评价研究达到国际先进水平。

(3)深海资源调查勘探与开发利用技术实现新突破。

(4)深海矿产资源勘探开发技术取得新进展。

(5)深海生物资源采集和利用技术大幅度提升。

(6)资源调查与开发水面支持平台、水下探测平台建设取得重大进展。

(7)深海关键技术装备制造和资源开发利用产业化实现新跨越。

(8)实现深海潜水器的产品系列化。

(9)深海装备制造国产化和产业化水平全面提升。

(10)深海矿产实现试验性开采,深海生物资源的产业化规模显著扩大。

(11)深海产业快速聚集,形成若干具有国际影响力的深海产业群。

## 5.4 深海科技创新的主攻方向探讨

### 1. 强化基础支撑

重点提升在深海成矿机理、深海生命科学、深海环境科学、深海动力与气候变化等领域的基础研究能力,把握深海科学研究制高点,发挥深海基础研究对认知深海的源头作用和对深海科技创新的指导作用。

### 2. 突破核心技术

依托"深海关键技术与装备"等科技重点专项和重点工程,突破深海资源勘探开发关键技术和通用核心技术,攻克我国在深海资源勘探、矿产开发、生物采集与利用、环境保护等领域的技术难关。

### 3. 加强支持平台建设

加快完善产-学-研-用互动合作机制,支持各类深海项目,发挥平台的引领、服务和保障作用,包括深海科技、国际合作平台和国家深海基地。

### 4. 谋划重大计划

按照"深海进入、深海探测、深海开发"三部走的战略部署,聚焦成为国际海底矿产开发合同首批拥有者的目标,谋划"深海技术创新-2030 重大项目"

"深海技术创新-2030 重大项目"与正在实施的"深海关键技术与装备"重点研发计划形成远近结合、梯次接续的深海探测技术与装备、资源开发技术与装备协同推进的研发格局,为深海空间站建设、深海资源开发、军民科技融合发展、海洋经济高质量发展提供技术支撑。

### 5. 推进深海装备技术产业化

(1)提高深海装备试验保障能力

一要推进按市场化运作的深海装备试验保障基地建设,以满足大型深海装备海试、性能调试、检验检测和维修保障等服务的需要;二要有效发挥国家深海基地服务保障作用,支持 HOV 等大型装备的技术维护、作业模拟、性能检测、装备试验和技术培训,提升国家深海基地对深海资源环境调查的支撑保障作用和开放共享水平。

(2)加快推进深海关键技术及装备试验和成果转化

我国"深海技术与装备"重点专项、战略性先导等科技专项实施多年,已形成一批例如深海机器人、深海钻机等集成创新成果。下一步应着力推进转化应用和产业化，转化应要同时发挥国家投入与社会参与的双重作用。在发挥好国家科技成果转化引导基金、先进制造产业投资基金、国家新兴产业创业投资引导基金导作用的基础上，应积极吸引社会资本参与到深海装备示范应用和产业化中，切实提高成果转化和产业化率。

（3）提升深海装备设计建造和总装集成能力

其实质是深海装备全产业链的构建问题，重点是拓展两端、做强中间。拓展两端主要指促进深海装备业向研发设计、总装集成延伸；做强中间主要指针对深海综合调查船、大洋勘探工程船、深海采矿船、深海油气和天然气水合物开发装备及其配套支持系统设备等，形成强大的制造能力。

**6. 积极培育深海矿业**

（1）深海矿业是深海资源保护利用的主题之一

当前国际海底资源开发规章颁布在即，我国要成为国际海底矿产首批开发合同拥有者，必须加快实施深海矿业培育工程，不断夯实深海矿业发展所亟须的技术、资金、人才等创新基础，为开拓矿产资源供应新疆域奠定坚实的基础。

（2）实施深海矿业培育工程

一要加快推进多金属硫化物、多金属结核和富钴结核采矿海试，为获取开发合同奠定基础；二要培育开发主体，重点发挥中国五矿集团等国有企业的骨干作用，开展合同区高精度勘探，加快圈定多金属结核商业化试采区；三要加快开展深海稀土等重大战略资源调查与勘探，圈定潜在远景区，成为国际海底稀土新矿区首批申请者，稀土探矿和勘探规章制订的主导者；四要加快突破低成本的天然气水合物开发及运输装备技术，扩大天然气水合物安全试采规模，为商业开发奠定基础。

（3）广泛开展深海矿业国际合作

运用好“一带一路”倡议的政策，重点与“21世纪海上丝绸之路”沿线国家开展合作，近期可在太平洋、印度洋和大西洋周边国家加快建立大洋调查和资源开发海外保障服务基地，为后续勘探开发奠定基础。同时，利用我国的技术优势、资金优势和人才优势与友好国家建立境外矿业合作示范区，务实推进矿产资源勘探、开发和选治加工合作，把深海矿业打造成为“一带一路”建设的重要领域。

**7. 推动深海生物及基因资源利用规模化**

（1）生物产业是国家战略性产业，深海生物资源是国家战略性资源

进一步拓展深海生物及基因资源在农业、工业、环保、养生保健和医药等领域的应用，推动深海生物制品、功能性食品和新药研发成果产业化，对于培育新动能具有重大意义。

（2）组建国家深海生物资源管理中心

我国在深海生物资源开发利用方面具备了较好基础，形成了大洋生物样品库、中国深海生物标本库、深海微生物菌种库、深海生物基因库等一批资源与信息载体。组建国家深海生物资源管理中心，可以进一步整合力量、有效管理，有利于推进深海生物样品及基因利用市场化。

(3)组建国家深海生物产业创新中心

我国沿海地区已形成了一批在深海生物资源利用方面具有研发优势的科研院所、相关企业和大专院校,依托这些资源组建国家深海生物产业创新中心,可形成创新资源集聚的“溢出效应”,结合国家重大科技任务,建设开放共享,从而引领和带动深海生物产业快速发展。

(4)规划、实施一批产业化示范工程

围绕海洋医药、生物农药、环境保护和生物技术工业酶等领域,以国家投入引导社会资本,规划、实施一批产业化示范工程,带动深海生物利用产业实现规模化发展。

# 第6章　研究重点方向

## 6.1　发展定位、目标与重点

### 1. 发展定位

针对深海资源勘探开发与深海环境保护等主体活动的实施及国家深海应急响应能力建设对高新装备的需求，加强原始创新和学科交叉，重点在功能多样化装备研发、大规模和大深度采样装备研发、基于新技术新方法的原位探测装备、智能化装备研发等方面集中发力，实现固定监测平台、移动监测平台、半移动调查平台、精细采样系统和传感器仪器系统研发多头并进，推动深海观测监测装备体系建立健全。同时，突破深海目标搜寻与识别、深远海应急保障机制等关键技术瓶颈，研发高精度移动搜寻运载平台，为国家海洋强国战略提供装备支撑和技术保障。

### 2. 发展目标

(1)近期目标(2020年—2025年)

到2025年，深海观测监测装备体系基本形成，7 000米级、4 500米级和全海深载人潜水器等重大深海移动观测监测调查研究平台投入运行。声、光、电、磁、震系列深海拖曳探测系统得到全面应用，具有自主知识产权的采样探测仪器实现较大规模生产。布局形成一系列典型监测装备平台，具备深海进入和监测综合能力，开展海上工作，获取科学数据和参数，大幅提升深海活动的能力和效率。

(2)远期目标(2025年—2030年)

深海观测监测装备体系日臻完善，实现了深远海信息互通和远程指挥，以AUV与Glide为代表的无人自治运载器实现水下组网集群探测，精细采样和多参数原位观测监测传感器研发关键技术实现了自主自给，具备全球任一海域开展环境长期观测监测的能力，具备全球深海装备快速部署、快速进入、快速响应能力，并在全球深海人类命运共同体建设中发挥重要支撑作用。

### 3. 发展重点

(1)深海运载装备技术

①HOV

需要突破HOV在全海深系列透明球壳设计与制作、浮力材料轻便化、观察设备高清化、作业工具模块化、水声通信可靠化、能源供给经济化等方面的关键技术，完成HOV能力提升及新一代HOV的设计与测试，全面提高我国HOV及相关设备的国产化及技术自主化，并实现HOV及关键设备、全海深透明球壳的产业化。

②ROV

提高ROV在深海科学、海洋开发、海洋工程、极地监测等领域的观察作业能力，提高ROV的人机协同作业效率和精细化作业能力，实现国产ROV在面向深海采样、海洋开发、海洋石油工业的全面应用和批量生产；提高ROV的适用领域和特种应用专用技术，实现ROV在极地监测等领域的应用与生产，提高ROV和HOV、AUV的配合工作能力，实现海洋调查、监测和作业的多型潜器配合作业。

③AUV

目前，国内AUV尚未实现全海深、大航行距离作业。为此，需要结合全球海洋立体监测网、智慧海洋、全海深潜水器国家重点研发计划等深海科学研究战略计划需求，突破深海AUV大深度、长时效作业的关键技术，系统性规划我国AUV系统发展和AUV体系建设，提高AUV的作业能力，充分发挥AUV作业精细和智能化水平高的优势，实现AUV在大洋中脊、海山区、深海区、海沟区等典型区域，开展高效、长期的深海资源的勘查作业任务，完善深海环境探测与监测体系的构建，推动我国海洋科学事业发展，以及加强蓝色海洋经济建设。

(2)深海拖曳调查平台技术

谋划深海拖曳调查平台技术的系统发展和装备体系建设，需要提高拖曳调查平台的探测能力及智能化水平，实现对深远海的高效精细化探测模式，提高深远海精细探测的作业效率和能力。建设高效率、高保真的新一代深远海探测设备体系并投入海上使用，形成批量产品制造能力，可分三期推进装备体系建设任务。

①突破远海拖曳技术，突破阻碍向远程发展的技术壁垒，例如能源、远程导航和实时通信等关键技术。

②突破万米深海拖曳关键技术，重点突破万米以深的拖曳系统研究，实现在万米深海长期探测作业。

③提高深海拖曳调查平台的智能水平，加强深海拖曳调查平台的智能性，不完全依赖机器智能，而是依赖传感器和人工智能。

(3)深海原位监测技术

推动我国深海原位监测技术装备系统的建设，需要突破深渊原位探测、原位采样、原位实验等关键技术，提高深海原位监测能力，构建实时、长期、可靠并视应用需求可实现被投放到任意特定海域的深海原位监测技术装备系统，提高装备的精细化、智能化和信息化水平，提高深海原位监测能力和效率，满足长期、稳定地在深海进行观察和测量任务要求，完成深海原位监测技术装备对深海多学科研究的技术支持，并且能够实现与其他深海装备协同工作的技术目标。开展生产条件建设，形成批量产品制造能力，分期推进装备体系的建设任务。

(4)深海精细采样系统技术

系统规划我国深海精细采样系统的发展和装备体系的战略方向，需要提高装备的作业能力，提高装备精细化和智能化水平，实现对深海资源的高效精细作业模式，提高深海精细采样的作业效率和能力。建设高效率、高保真的新一代深海精细采样装备体系并投入海上应用，包括深海气密采水系统、深海热液保真采样系统、海底沉积物保真采样系统、海底表层多金属矿产采样系统和深海岩芯采样系统。

①深海气密采水系统

突破万米深深海气密采水系统的关键技术，需要系统规划我国深海气密采水系统的发展和体系建设，提高深海海水采样系统的气密性和高保真性，实现在万米海深采样到高保真的水样，达到在万米海深采水的样品从采样到上船后高气密性和保温保压的指标。

②深海热液保真采样系统

突破深海热液采样系统大深度、高保真的关键技术，需要系统规划我国深海热液保真采样系统的发展和体系建设，提高深海热液保真采样系统的高温高压密封性和高保真能力，实现在大洋中脊、深海区和断裂活动带采集到高保真的热液样品，达到采样器在深海热液区所采取的样品上船后没有发生泄漏和保温保压的指标。

③海底沉积物保真采样系统

突破海底沉积物保真采样系统大深度作业、样品无扰动高保真的关键技术，需要系统规划我国海底沉积物保真采样系统的发展和体系建设，提高海底沉积物保真采样系统的采样深度能力和高保真能力，实现在深海区采集到无扰动高保真的沉积物样品，达到沉积物样品从深海采样到上船后的过程中不发生扰动且保温保压的指标。

④海底表层多金属矿产采样系统

突破海底表层多金属矿产采样系统大深度作业、原位采样的关键技术，需要系统规划我国海底表层多金属矿产采样系统的发展和体系建设，提高海底表层多金属矿产采样系统的采样精细化和智能化水平，实现在深海区区域开展高效、精细采样作业，达到能够针对海底的结核和小型岩芯等多金属矿产进行原位采样的指标。

⑤深海岩芯采样系统

突破海底岩芯采样系统大深度作业、高取芯率、样品高保真的关键技术，需要系统规划我国海底岩芯采样系统的发展和体系建设，提高海底岩芯采样系统采样精细化和智能化水平，实现在深海区采集到高保真的岩芯样品，达到钻进深度高、取芯率高。

(5)深海原位监测传感器仪器系统

针对深海原位监测传感器仪器系统的各类参数，获取高精度物理、化学参数的需要，重点开发基于激光光学、光纤光学和光谱学等新技术新方法的深海在线探测传感器、仪器的系统研究，突破相关核心元器件、热敏及传感材料的研发，实现传感器基础研发技术及制造技术的发展，打破国际垄断。

## 6.2 深海监测技术装备体系发展建议

### 1. 深海运载器调查监测技术

(1)HOV

对于我国HOV装备体系进行系统规划，重点开展中、浅水深HOV，以及HOV的关键设备国产化、协同及产业化研究，为实现我国HOV全谱系建设、产业化，以及HOV的自我保障、技术的自主可控提供支撑。拟分期推进HOV体系建设任务，主要开展以下几项工作。

①HOV能力提升

开展7 000 m及4 500 m HOV能力提升建设，应具备海底实时全景感知、海底精细声光探测和远程控制功能,成为新一代深海 HOV。同时,需要重点突破大深度近底地形地貌测绘成图技术、大深度深海三维大视野激光成像技术和大深度三维声学实时快速成像技术、远程感知控制、易维护性结构优化技术和通用机电液作业接口技术等系列关键技术。HOV 可实现下潜深度为 7 000 m,负载能力大于 200 kg。

②500 m HOV

开展具备近海监测、轻作业功能的 HOV,具备人工操作、自动驾驶功能,主要用于近海环境监测、权益维护、个人娱乐等,在装备机械手和采样工具的情况下,具备简单的采样功能。

③500 m 作业型 HOV

开展具备作业功能为主的 HOV,具备人工操作、自动驾驶功能和动力定位等功能,主要用于近海施工、水下维修、水下救援等,HOV 可实现具有 1 000 kg 的负载能力,并针对水下生产设施等进行功能模块的输送和运输。

④2 000 m 作业型 HOV

开展具备作业功能为主的 HOV,具备人工操作、自动驾驶功能和动力定位等功能,主要用于深海施工、水下维修等,支持与海底作业处理装备、采样装备、AUV 或 ROV 等进行协同作业。

⑤透明球壳等关键装备的研制

开展潜深可达 11 000 m 的系列透明耐压球壳的研制工作,解决透明球壳的理论分析方法、制作工艺、实验测试等技术,实现耐压球壳的产业化,同时开展面向产业化的大深度浮力材料、高性能电子设备、高密度能源、水下作业工具等 HOV 关键设备的研制,为提升 HOV 水下作业效能、设备国产化率等提供支撑。

(2)ROV

①发展和研制轻型与作业级 ROV

目前,虽然我国已经研制出“海马”号 ROV,但是其仍是面向海底科学考察为主,而且对海底环境的作业能力有限,海底工作时间和控制精度有限,尚需进一步提高。尤其需要进一步提高 ROV 的精细化作业控制能力与人机协同工作效率,并针对海底作业研究作业级 ROV 为轻型 HOV 的救助和维护,同时兼顾海底环境监测、海底资源调查等任务,可与轻型 HOV 开展协同作业,以形成优势互补,最大限度发挥装备效能。

②研究适用于极地环境作业 ROV

目前,极地环境资源是我国资源战略开发的一大重点,而极地的特点是寒冷,水下水面温差大,冰面复杂,海水层流复杂,所以需要研究适用于极地环境作业的 ROV,以适合和实现极地环境的水下机器人人机协同观察作业,为我国极地战略提供技术支持。

③开发智能高精度作业 ROV

面向水下目标的快速捕获和敏捷作业,开发智能高精度作业 ROV,或研制海生物、海底目标捕获的 ROV,以完成水下作业,通过机器人对环境的自主感知、实现对目标生物的敏捷快速捕捞,从而实现该领域的人换机器人,具有较大的经济效益。

④6 000 m 级监测型 ROV

针对海洋地质、海洋生物科学研究对海底地质构造、深海生物群落等原位观察与测量的需要,开展 6 000 m 级监测型 ROV 系统的研制工作。发挥 ROV 系统定点精细监测和数据实时传输的优势,为相关科学研究提供有效的研究手段。

主要研究内容如下。

a. ROV 平台传感器搭载与优化配置技术

b. 面向原位监测任务的 ROV 动力定位技术

c. ROV 传感器数据融合与实时传输技术

⑤万米级 ARV

针对热液/冷泉/深渊地区海洋化学、海洋生物科学研究对海底地质构造、深海生物群落等原位观察与测量的需要，开展万米级 ARV 系统的研制工作。发挥 ARV 系统定点精细监测和数据实时传输的优势，为相关科学研究提供有效的研究手段。

主要研究内容如下。

a. ARV 平台传感器搭载与优化配置技术

b. 面向原位监测和精细探测任务的 ARV 控位技术

c. ARV 传感器数据融合与实时传输技术

(3) AUV

在 AUV 装备体系建设方面，着重针对全海深、大航行距离，以及极地作业等需求，结合 AUV 作业的智能化、精细化的优势，需要系统性规划和开展国产全谱系 AUV 的建设及生产条件的建设，保证国产化率达到80%以上，形成产品批量制造能力，为保障我国的海洋权益提供技术支撑。拟分三期推进 AUV 体系建设任务。

①以巡航探测为目的的 AUV 系统

针对我国在深海资源考察、海底地形地貌探测和深海环境数据采集等方面所需要的高精度自主探测的需求，开展以巡航探测为目的的 AUV 系统研究。根据任务需求，经过三期建设，要求其下潜深度不小于 11 000 m，航行距离不小于 200 km，具备大范围自主巡检能力、信息自主处理能力和自主决策能力，配备多波束声呐、侧扫声呐、浅剖声呐、温盐深仪等探测传感器，选配化学类传感器，实现可对全海深海域的高效探测作业。其主要应用包括海底地形地貌探测、水文信息采集、水下残骸搜索和海底管道检测等。

拟解决的关键技术如下。

a. 总体布局与低阻力优化设计技术

AUV 要在系统质量和能源受限的条件下，实现大范围的深海探测，就需要尽可能缩短潜浮时间，有效提升航行作业时间比重。这一问题需要在保证操纵性能的前提下，通过双向低阻力艇体外形设计，减少垂直潜浮和水平航行阻力，因此总体布局与低阻力优化设计技术是需要重点解决的关键技术之一。

b. 轻质耐压壳体及密封结构设计技术

大深度潜水器耐压壳的质量占据了潜水器总质量中的很大部分。因此，如何降低 AUV 的总质量就与耐压壳的选择密切相关。与金属材质相比，玻璃材质或陶瓷材质制造的耐压壳的相对比质量更小，可以有效地降低大深度 AUV 的总重量，并已在国外部分大深度 AUV 中得到了应用验证。因此，如何依据轻质材质特性设计和研制深海耐压壳体是需要重点解决的关键技术之一。

c. 多源声信息水下辅助导航与定位技术

由于复杂度增加系统鲁棒性难以保证，因此大潜深 AUV 作业环境必须使用多源声信息辅助导航才能确保系统精度。解决深海声学时变延迟与弱信号条件下多源声信息辅助导航与定位技术是需要重点解决的关键技术之一。

d. 基于实时在线建图的 AUV 自主环境感知

大潜深 AUV 在非结构化的未知水下环境中作业时，客观上要求 AUV 必须具有感知环境、实时在线建图的能力，否则会影响 AUV 自身的安全，以及任务的顺利执行，因此基于实时在线建图的 AUV 自主环境感知是需要重点解决的关键技术之一。

②以定点监测型为目的的 AUV 系统

针对我国尚缺乏自主式、可持久定点监测的 AUV 系统问题，需要开展以定点监测型为目的的 AUV 系统研究。根据任务需求，经过三期建设，要求其下潜深度不小于 11 000 m，航行距离不小于 1 000 km，水下待机时长不小于 30 天，具备自主悬停能力、低功耗长时待机能力、信息自主处理和自主决策能力，配备光学传感器、温盐深、叶绿素、溶解氧等探测传感器，实现定点海洋环境特征参数的长期、精细化探测。其主要应用包括监测海水温度、盐度、叶绿素含量和氧气含量等。

拟解决的关键技术如下。

a. 面向低功耗需求的 AUV 智能管控

以定点监测为目的的 AUV 系统需要搭载足够多的能源，而受限于有限的布置空间及现有的能源技术水平，AUV 携带的能源数量非常有限，难以通过增加能源数量来延长系统工作时间，提高续航力。而且 AUV 各个分系统缺一不可，也难以通过减少分系统数量来降低系统功耗，因此面向低功耗需求的 AUV 智能管控是需要重点解决的关键技术之一。

b. 弱机动条件下的 AUV 高效航行推进

监测型 AUV 受到航行距离、能耗等指标的限制，只能在弱机动条件下以稳定的低阻力姿态实现大范围自主航行。一方面导致现有推进器工作效率直线下降，无法实现项目航行距离等指标要求；另一方面导致 AUV 操纵性大大降低，增大了航行距离，因此弱机动条件下的 AUV 高效航行推进是需要重点解决的关键技术之一。

c. 全生命周期的 AUV 可靠性设计与分析

监测型 AUV 航行距离远、作业时间长，导致自身因素引起的 AUV 发生故障或失效的概率大大提升，给硬件系统的可靠性设计提出了更高的要求。而受体积、能源和搭载能力限制，提升监测型 AUV 系统可靠性的方法和手段又十分有限，极大增加了 AUV 系统可靠性的设计难度。因此，全生命周期的 AUV 可靠性设计与分析是需要重点解决的关键技术之一。

(4)以极地探测为目的的 AUV 系统

针对我国尚缺乏自主式、极地探测 AUV 系统的问题，需要开展以极地探测为目的的 AUV 系统。根据任务需求，经过三期建设，要求其下潜深度不小于 3 000 m，航行距离不小于 500 km，具备高纬度精确导航能力、冰下声学定位能力、冰下水声通信能力与冰层、冰貌探测能力，配备多波束声呐、侧扫声呐、浅剖声呐、温盐深仪等探测传感器，选配摄像机等传感器实现对极地区域生态环境的探测。其主要应用包括极地生物观察、极地地质勘测和极地矿物资源勘探等。

该项目拟解决的关键技术如下。

①高纬度精确导航技术

高纬度会导致重力矢量与地球自转矢量方向趋于重合，对惯性自主导航系统寻北及定位精度产生严重影响。因此，需要构建极地惯性导航框架构建，在此基础上，从快速初始对准技术、极地传递对准技术，以及极地惯性导航误差机理与抑制方法等修正 AUV 导航定位误差。因此，高纬度精确导航技术是需要重点解决的关键技术之一。

②冰下声学定位监测技术

为保证对大范围长时间航行的冰下潜器进行定位监测，采用声学手段是唯一可行的测量方式。但冰下声信道复杂，导致声传播特性的规律性变差，接收到的脉冲信号结构也更加复杂，高精度定位和大范围监测困难。因此，冰下声学定位监测技术是需要重点解决的关键技术之一。

③冰下水声通信技术和冰层、冰貌探测技术

极地冰下水声信道具有独特的半波导声道及声道轴、会聚区等现象，以及复杂混响特性、特殊噪声场等，这增加了冰下水声通信和探测增加了难度。因此，冰下水声通信技术和冰层、冰貌探测技术是需要重点研究的关键技术之一。

④极地全生命周期的 AUV 可靠性设计与分析

极地探测 AUV 的工作环境苛刻，不确定因素多，且系统组成复杂，组部件众多，在严苛的工作环境下，难以满足性能要求。因此，极地全生命周期的 AUV 可靠性设计与分析是需要重点解决的关键技术之一。

(1)深海近底精细结构光学监测 AUV

针对深海海底地形复杂区域(海底俯冲带边缘、海底特殊地质构造等)进行抵近监测精细测量的需求，需要开展以光学监测为主要手段的 AUV 系统开发，为海洋地质、地球物理科学研究提供新的手段。

(2)万米级水下滑翔机

针对海洋物理/化学/生物科学研究对大范围海域进行长时序、高密度、精细化剖面监测的需求，需要开展深海(万米级)水下滑翔机系统，以及相应配套传感器系统的开发，为海洋科学研究提供先进的数据采集手段。其主要研究内容包括多模式混合推进技术、动态海洋环境干扰下的运动控制技术、小型低功耗传感器设计技术和多滑翔机协同探测技术。

(3)深海生物光学监测 AUV

针对深海生命科学研究中对深海生物个体持续跟踪监测的需求，需要开展以光学监测为主要手段的监测型 AUV 系统的开发与研制，为深海生物科学研究提供原位监测及连续监测手段。其主要研究内容包括基于光视觉信息的移动目标识别技术、基于光视觉信息的移动目标跟踪技术和基于监测任务的三维轨迹控制技术。

(4)长航行距离水体监测 AUV

针对海洋物理、化学研究中对水体大范围连续监测，以及特定水体特征(温跃层、密跃层、海洋污染源等)跟踪的需求，需要开展长航行距离水体监测 AUV 系统的研制，为海洋物理、化学研究提供大范围监测及跟踪手段。其主要研究内容包括长航行距离水体监测 AUV 总体布局与低阻力优化设计技术、水体特征探测传感器信息在线处理技术和基于探测传感器的水体特征预测与跟踪技术。

(5)深海探测型 AUV

针对深海海底资源调查、海洋地质科学研究，以及目标搜索作业的需求，需要开展基于声学传感器设备(侧扫声呐、多波束声呐、浅剖声呐等)的深海探测型 AUV 系统研制与开发。利用搭载的声学探测设备实现深海地形地貌、浅层剖面、海底目标的探测与跟踪工作，其主要研究内容包括针对深海探测作业的航行器总体布局与优化集成技术、复杂海底环境下的航行器自主避障技术、基于声学信息的复杂地形地貌跟踪探测技术、航行器深海导航通信与定位技术和耐压结构设计及浮力材料开发技术。

**2. 深海拖曳调查平台技术**

面向国家走向深蓝的战略需求，深海拖曳调查平台能为满足深远海海流测量、深远海和有争议海区快速获取大面积有效海洋环境剖面数据和深海地质调查与研究等提供监测手段，对完善和促进我国海流测量与拖曳走航监测设备的系列化和产业化，确保我国海洋监测数据安全具有深远意义。

目前，我国深海的监测手段在定点监测（船载设备、潜标系统等），以及 HOV 等领域均有所突破，深海拖曳调查平台技术的研究将使我国在深海监测、调查领域形成立体网络，进一步完善我国现有深远海船只的监测能力，改变我国现有大洋科学考察船极度缺乏走航监测手段的现状。

（1）深海拖曳式高精度重磁勘探系统

基于集成高精度惯性导航/计程仪/超短基线综合定位的水下拖体，重点突破石英型海洋重力敏感器研制与捷联式重力测量技术、铯光泵磁力传感器与磁矢量传感器集成、自校准技术、深水动态环境下超高精度定姿与定向技术，以及水下高精度重磁数据在线采集与联合反演技术等，研制一套深海拖曳式高精度重磁勘探系统及样机，提高海底复杂油气构造勘探的分辨率。

（2）深拖式高分辨率多道地震拖曳探测系统

通过深拖等离子体震源技术、深拖多道地震数字缆技术、综合监控技术等关键技术研发，研发一套深拖式高分辨率多道地震探测系统。

（3）深海电磁拖曳勘探系统

研制深水拖曳式大功率时频电磁发射系统、多链缆多分量深水拖曳式电磁采集系统工程样机各一套，双船拖曳式海洋电磁数据处理软件包及作业规范各一套。通过室内试验和已知油气埋藏区海上试验，该系统最大工作水深为 2 000 m；下潜深度可达 2 000 m。

（4）深海拖曳式地形地貌探测系统

深海拖曳式地形地貌探测系统主要目的是通过将海底多波速探测系统和侧扫声呐系统有机地集成融合在同一拖体，形成一套完整的、可单独从事走航探测的高精度海底地形地貌探测系统。该系统可在近海底水深实施走航探测，其最大下潜深度为万米级，并通过自主编写的系统操作和数据图件处理软件，最终测绘出清晰的高精度海底地形地貌平面图和三维立体图。

（5）深海拖曳式多参量光学探测系统

深海拖曳式多参量光学探测系统研制的主要目标是通过对多种高精度探测传感器的自主开发研制和必要的技术引进，同时与海底三维摄像系统集成，研发出一套，可在最大深度为 6 000 m 的环境中正常工作的深海拖曳式多参量光学探测系统。

（6）11 000 m 深海起伏式拖曳调查平台技术装备

深海拖曳调查平台技术将构建标准预报模型。在前期试验研究的基础上，对深海拖曳调查平台的水动力特性进行理论计算与预报；在理论计算的基础上，对深海起伏式拖曳平台建立合适的控制模型；最后将设计研制收放及存储万米流线型拖缆深海绞车，形成 11 000 m深海起伏式拖曳调查平台技术装备。深海拖曳调查平台的最终技术指标如表 6.1 所示。

表6.1 深海拖曳调查平台的最终技术指标

| | | |
|---|---|---|
| 总体指标 | 最大下潜深度 | 11 000 m |
| | 拖曳速度 | 1 000 kn 以上 |
| | 离岸探测距离 | 1000 n mile 以上 |
| | 工作海况 | 不大于4级 |
| | 额外搭载传感器能力 | 50 kg、50 W |
| 拖体 | 质量 | 约1 000 kg(空气中) |
| | 主尺度 | 长为3 300 mm、高为624 mm、宽为941 mm |
| | 姿态稳定性 | 纵横摇 <1° |
| 高分辨率测深侧扫声呐 | 频率 | 150 kHz |
| | 覆盖宽度 | 测深2×300 m<br>侧扫2×400 m |
| | 垂直航迹分辨率 | 5 cm |
| 浅剖声呐 | 频率 | 2~7 kHz |
| | 地层分辨率 | 优于0.2 m |
| | 最大穿透深度 | 80 m(软泥底) |
| 其他搭载探测传感器 | CTD、热液羽状流传感器等 | |

### 3. 深海原位监测技术

针对深海生物、地质、沉积物、化学、地球物理等科学研究需求,开展深海原位固定监测平台技术研究,研制深海生物原位监测与培养系统、深海生态化学长时序工作站、深海地球物理原位监测系统、全海深宏生物原位在线监测分析系统、全海深深海着陆器、全海深全水柱锚系监测系统等海底定点原位多学科综合监测站,需要系统规划深海着陆器的研制工作,提高深海原位监测能力,使深海原位监测更加信息化、智能化,进而提高深海原位监测的效率和水平。研制高效、稳定、可靠着陆器,包括突破着陆器本体的框架设计、深海布放和触底、深海释放和回收技术,装备多种监测仪器和采样装置,满足长期、稳定地在深海进行观察和测量任务要求,需要具备进行海洋科学研究所需要的采样条件,进行几乎无干扰的原位监测和采样,其中主要包括研制原位监测着陆器系统,增强深海乃至深渊原位监测能力和水平,配套多参数水下探测和监测设备、原位分析设备、精细采样装置和水下生物诱捕装置等,支持长期、稳定、自容的深海原位监测任务。

针对特定海域及深海研究需求,考虑国内外深海着陆器的技术现状和发展程度,将分类别、分批次逐步实现深海原位监测系统建设目标,其主要包括以下几方面。

(1)深海短周期着陆器系统(小于6 000 m)

着陆器下潜深度小于6 000 m,总质量为1 000 kg,工作周期不少于30天。该着陆器能够可靠承担自身负载、科学负载,以及布放冲击,同时具备安全布放和着底能力、长期稳定工作能力和自动回收能力,并且具备基本系泊系统、控制系统、能源系统、自动回收系统,以及科学负载,可实现深海短期原位监测基本要求。

(2)深渊短周期着陆器系统(全海深)

深渊是指海洋中深度超过6 000 m的区域。该区域占据了海洋底部45%的深度范围,是海洋生态系统的重要组成部分,深渊科学代表着当前海洋研究最新的前沿领域。因此需要着陆器下潜深度大于6 000 m,总质量为1 000 kg,工作周期不少于30天。该系统的建设目标是能够可以承担自身负载、科学负载及布放冲击,同时具备安全布放和着底能力、长期稳定工作能力、自动回收能力。而且该着陆器具备系泊系统、控制系统、能源系统、自动回收系统及科学负载;能够搭载并控制原位监测仪器、数据记录仪器,以及原位分析设备的工作;实现科学负载中的仪器和传感器之间高速和高安全性通信;实现数据可以由控制单元收集并通过声学通信传输;可搭载水下生物诱捕装置和简单采样装置;实现着陆器的双向通信功能。在特定工作需求下能够实现着陆器、海底基站和部分深海装备协调工作。

(3)深海较长周期着陆器系统(小于6 000 m)

该着陆器下潜深度小于6 000 m,总质量为2 000 kg,工作周期不少于180天。该系统的建设目标同深渊短周期着陆器系统的建设目标,即能够可以承担自身负载、科学负载及布放冲击,同时具备安全布放和着底能力、长期稳定工作能力、自动回收能力。而且该着陆器具备系泊系统、控制系统、能源系统、自动回收系统及科学负载;能够搭载并控制原位监测仪器、数据记录仪器,以及原位分析设备的工作;实现科学负载中的仪器和传感器之间高速和高安全性通信;实现数据可以由控制单元收集并通过声学通信传输;可搭载水下生物诱捕装置和简单采样装置,实现着陆器的双向通信功能。在特定工作需求下能够实现着陆器、海底基站和部分深海装备协调工作。

(4)深渊较长周期着陆器系统(全海深)

该着陆器下潜深度超过6 000 m,总质量为2 000 kg,工作周期不少于180天。该系统的建设目标同深渊短周期着陆器系统的建设目标,即能够可以承担自身负载、科学负载及布放冲击,同时具备安全布放和着底能力、长期稳定工作能力、自动回收能力。而且该着陆器具备系泊系统、控制系统、能源系统、自动回收系统及科学负载;能够搭载并控制原位监测仪器、数据记录仪器,以及原位分析设备的工作;实现科学负载中的仪器和传感器之间高速和高安全性通信;实现数据可以由控制单元收集并通过声学通信传输;可搭载水下生物诱捕装置和简单采样装置;实现着陆器的双向通信功能。在特定工作需求下能够实现着陆器、海底基站和部分深海装备协调工作。

(5)深海运载着陆器系统(小于6 000 m)

该着陆器下潜深度小于6 000 m,总质量为2 500 kg,工作周期不少于180天,具有更大负载能力。该系统的建设目标同深渊短周期着陆器系统的建设目标,即能够可以承担自身负载、科学负载及布放冲击,同时具备安全布放和着底能力、长期稳定工作能力、自动回收能力。而且该着陆器具备系泊系统、控制系统、能源系统、自动回收系统及科学负载;能够携带和支持更多海洋科学研究设备和仪器;满足海洋科学研究需求;实现科学负载中的仪器和传感器之间高速和高安全性通信;实现数据可以由控制单元收集并通过声学通信传输;可搭载更大容量的水下生物诱捕装置和复杂采样装备;具备保压沉积物等运载舱室;实现着陆器的双向通信功能。在特定工作需求下能够实现着陆器、海底基站和部分深海装备协调工作。

(6)深海长周期着陆器系统(小于6 000 m)

着陆器下潜深度小于6 000 m,总质量为2 000 kg,工作周期不少于400天。该系统的建设目标同深渊短周期着陆器系统的建设目标,即能够可以承担自身负载、科学负载及布放冲击,具备安全布放和着底能力、长期稳定工作能力、自动回收能力。而且该着陆器具备系泊系统、控制系统、能源系统、自动回收系统及科学负载;能够搭载并控制原位监测仪器、多种探测传感器;记录和获取长周期的深海数据参数和影响信息,主要用来支持深渊生态学、深渊生物学、深渊地质学中特长周期、多数据的研究方面;可搭载更大容量的水下生物诱捕装置和复杂采样装备,具备保压沉积物等运载舱室;实现着陆器的双向通信功能,在特定工作需求下能够实现着陆器、海底基站和部分深海装备协调工作。

(7)深渊长周期着陆器系统(全海深)

深渊着陆器下潜深度超过11 000 m,总质量为2 000 kg,工作周期不少于400天。在已有的技术储备基础上,进一步突破实验设备和分析舱室复合材料耐压技术、深水耐压浮力材料技术、较高精度布放和回收定位技术及水声通信技术、自主信息处理和决策技术。实现在深渊环境中科学研究仪器和传感器之间高速、高安全性通信;实现数据可以由控制单元收集并通过声学通信传输;可搭载更大容量的水下生物诱捕装置和复杂采样装备,具备保压沉积物等运载舱室;实现着陆器的双向通信功能,在特定工作需求下能够实现着陆器、海底基站和部分深海装备协调工作。

(8)深海原位监测设备

摄像机、高清摄像机、闪光灯等原位监测装备,溶解氧传感器、光学背散射传感器等传感系统,矿石元素原位测量分析装置、声学多普勒流速剖面仪(ADCP)、温盐深仪、pH微电极、凝胶探针等原位测量分析设备,生物诱捕、海底表面采样、海水采样等采样装备。

深海原位监测技术是多机构合作、多学科交叉,涉及深海生物地球化学海洋研究的具有综合性、针对性的技术,深海原位监测技术装备体系需要紧密结合实际需求、具体研究内容要求加以健全。此外,深海着陆器的布放和回收、也需要水面母船的支持,因此涉及母船的设计和改造及相应配套设备的完善。

(9)深海生物原位培养装置与监测系统

研制深海生物原位培养装置,利用深海极端环境原位培养深海生物,实现微生物的原位附着生长,再现深海新生生态系统的生长过程;利用水下摄像、图像分析等技术,集成温度、盐度、pH等多种原位监测仪器,研制深海生物原位监测装置,在群落水平或个体水平上获取深海生物种群结构的时空变化过程,研究深海生态系统与深海环境参数之间的关系。

(10)深海生态化学长时序工作站

研制适用于典型深海生态系统的新型化学传感器,实现海水中甲烷、营养盐和溶解态铁、锰、硫化物等参数的长期监测;集成流量、流速、温度、盐度、pH、溶解氧、浊度等多种原位监测仪器,组建典型深海生态系统工作站;通过流控技术和标准物质校准,实现传感器参数的原位校正;利用大容量电池供电技术、电量智能管理分配技术、数据集成技术等关键技术,实现工作站的长期原位工作,获取高密度、长时间序列的数据。

(11)深海地球物理原位监测系统

利用电、磁、声、海底地震等现有监测手段,研发一批新型地球物理探测传感器,建立深海的地球物理长期监测站,获得深海极端环境海域海洋环流结构的长时序连续监测数据,为深入研究和分析深海地球物理特征提供数据资料。

(12)跨尺度生物原位在线监测分析系统

海洋中微生物、生物、宏生物等种类十分丰富,全海深、跨尺度生物的研究对海洋生态系统、海洋生产力等的研究都具有重要的意义。针对深海复杂环境的情况,研制一种跨尺度、多视角的生物原位在线监测分析平台,其平台系统包括由计算机组成的控制系统、生物监测单元、分析测试舱、传感器、浮力材和浮球组等部分组成。该平台系统可以促进海洋生物多样性、海洋生物的生理生态响应和宏观的生态过程及其变动机制等方向的研究,极大提高对海洋生物、生态系统的认识。

(13)全海深全水柱锚系监测系统

针对海面以下水体垂直剖面的海洋环境要素数据高效监测需要,需要完成全海深全水柱锚系监测系统研制,其监测系统主要包括浮标载体和剖面链监测子系统两个监测子系统,实现多尺度、全方位、多要素、全天候、全自动的立体同步监测,为大洋剖面监测提供全海深、全水柱的长期深海剖面监测数据。

**4. 深海精细采样系统技术**

根据深海精细采样系统的发展和装备体系的战略目标,结合国内外目前的研究成果和发展状况,系统的建设具有高作业能力、精细化和智能化水平的精细采样系统装备体系,可实现对深海资源的全深度、全种类和全方位的精细采样作业模式,提高深海精细采样的作业效率和作业能力。因此,建设高效率、高保真、精细化和智能化的新一代深海采样装备体系并投入海上应用。

建设整套深海精细采样装备体系,包括建设保证深海气密采水中海水样品在采样、回收、转移和存储过程中无污染和高气密性的深海气密采水系统;建设保证深海热液在采样、保真和转移过程中无污染泄漏和压力温度不变的热液保真采样系统;建设保证海底沉积物采样、存储和转移过程中采样无扰动接触和沉积物样品无扰动和保温保压的海底沉积物保真采样系统;建设保证海底表层多金属矿产在采样、存储和转移过程中钻机具有高切削效率、低功耗、高强度和样品具有高保真性的海底表层多金属矿产采样保真系统;建设保证海底岩芯采样、存储和转移过程中岩芯样品具有高保真性的海底岩芯采样保真系统;对整套深海精细采样装备体系开展生产条件的建设,形成批量产品制造能力,分三期推进装备体系建设任务。

(1)深海气密采水系统

针对目前深海气密采水系统在样品保压和样品转移处理存在的不足,在借鉴了现有国内外研究成果的基础上,研究采样深度从6 000 m到万米海深的深海气密采水系统,突破全海深的采样技术和样品转移处理等关键技术,解决海水样品从采样到保存到上船过程中气密性差、保温保压能力差等问题,形成一套高气密性、高保真的深海海水采样系统装置,着重对深海气密采水系统开展理论与海试研究,达到在全海深采水的水样上船后保温保压的指标。该系统包括采样系统装置、样品保真系统装置和样品转移机构的研制。

采样系统装置主要是对气密采水器结构的研制,旨在提高采样过程中的采样能力、采样效率和可靠性,研制一种适合于搭载在不同运载器的采水系统上使用的气密采水器结构,达到高效、快速、稳定的采集到多个海水样品。

样品保真系统主要是研制用于存储所采集到海水样品并保证海水样品高质量的装置,旨在提高样品从采样后到上船后的过程中的气密性和保温保压性能,研制一种高气密性、高保真的存储样品装置,达到获得高保真的气密海水样品。

海水样品转移机构主要是样品从采样器到实验室试验装置的转移处理技术,旨在保证样品在转移过程中海水样品的压力、温度不发生变化,研制一种海水样品转移机构,达到稳定、高效地把样品从采样器转移到实验装置中并且温度压力基本保持不变。

(2)基于运载器的精细采样设备研制

开展基于 HOV、ROV 等运载器的精细采样设备研究,包括宏生物采样器、微生物采样器、小型潜钻、小型切割装置和小型沉积物采样器等装置或系统的研制,并利用深潜作业航次开展海上试验及应用,最终形成基于运载器的精细采样作业能力,由此拓展 HOV 业务化勘查作业范围,提高其水下作业效率,增强潜水器作业能力。

(3)深海热液保真采样系统

针对深海热液保真采样在高温高压密封、保温保压、防腐蚀、防污染和样品转移处理等方面的不足,在借鉴和吸收国内外研究成果的基础上,需要研究一种适用于多种热液区的深海热液保真采样系统,能够突破深海区采样技术和样品转移处理等关键技术,解决在深海热液区过程中样品的高温高压密封性差、防腐蚀性能差和防污染能力差的问题,形成一种高密封性、高保真的热液采样系统,达到采样器在深海热液区所采取的样品上船后没有发生泄漏和保温保压的指标。该系统包括热液采样装置、样品保真装置和样品转移装置的研制。

热液采样装置主要是热液采样器结构的研制,包括采样器的轻量化研究、高效的驱动机构和采样阀结构,旨在提高采样器的快速性、智能性和稳定性,研制一种可搭载在不同运载器的采样系统上使用的气密采样器结构,达到高效、快速、稳定地采集到多个热液样品。

热液保真装置的研制主要是采集的热液样品保温保压技术,包括保样装置的气密性和压力补偿的研究,旨在保证保真装置内维持样品压力为原位压力和温度无变化且具有良好的气密性,需要研制一种压力补偿的高气密性、高保真的热液保真装置,达到获取气密性良好的高保真热液样品。

热液样品转移装置的研制主要是热液样品转移处理技术的研究,旨在保证热液样品从采样器转移到实验装置过程中无污染、无泄漏和压力温度无变化,因此需要研制一种热液样品保真转移装置,能够达到稳定、高效的转移热液样品,使样品无污染、无泄漏和压力温度保持不变。

(4)深海沉积物保真采样系统

针对深海沉积物保真采样,在密封、保温保压、沉积物无扰动和样品无扰动转移处理等方面的不足,在借鉴和吸收国内外研究成果的基础上,需要研究一种样品无扰动保真采样技术,突破深海沉积物无扰动采样保真技术和样品无扰动转移处理等关键技术,解决在深海区沉积物采样过程中发生扰动、密封性能差的问题,形成一种深海沉积物无扰动保压采样装置,达到样品从深海采样到上船后的过程中不发生扰动且保温保压的指标。该系统包括深海沉积物采样技术、样品保真技术和样品无扰动转移技术。

深海沉积物保真采样技术主要是深海沉积物采样结构的研制,包括采样装置的驱动机构、采样方式的研究,旨在提高采样的取芯率、采样深度和采样效率。因此,需要研制一种液压驱动的无扰动接触采样机构,解决样品取芯率低、采样深度低和采样效率低的问题,达到无扰动、高效、稳定地采集到海底沉积物样品。

深海沉积物保真采样技术主要是深海沉积物样品保真装置的研制,包括对样品的无扰动技术和保温保压技术的研究，旨在提高保真装置的抗振动能力和保温保压能力。因此，需要研制一种无扰动保真装置，解决样品保存过程有扰动、保温保压差等问题，达到样品从采样到上船后无扰动、压力温度变动小的效果。

深海沉积物样品无扰动转移技术主要是样品转移处理装置的研制，旨在保证沉积物样品从采样器转移到实验装置过程中不发生扰动和保温保压。因此，研制一种沉积物无扰动转移装置，达到沉积物样品在转移过程中无扰动和保温保压。

(5)海底表层多金属矿产采样系统

针对海底表层多金属采样在小型岩芯采样、保真和转移处理方面的不足，在借鉴和吸收国内外研究成果的基础上，需要研究一种海底小型岩芯原位采样保真技术，突破深海小型岩芯采样技术和样品转移处理等关键技术，解决海底小型岩芯采集效果差、样品保真效果差和转移过程中压力温度变化较大的问题，形成一种小型岩芯保真采样装置，达到能够对海底的结核和小型岩芯等多金属矿产进行原位采样和样品保真转移的指标。包括小型岩芯钻机采样技术、样品保真技术和样品转移处理技术。

海底小型岩芯钻机采样技术主要是小型潜钻装置的研制，包括钻机结构、推进机构、驱动机构的研究，旨在提高采样装置的钻进力、取芯尺寸和采样效率，研制一种由机械手夹持的钻取取芯装置，解决钻机强度不高、钻机钻进功耗高、切削效率低的问题，达到高效率、低功耗的采集到小型岩芯样品。

海底小型岩芯样品保真技术主要是海底岩芯样品保温保压技术的研究，旨在提高存储样品装置的保温保压性能，需要研制一种小型岩芯保真装置，解决样品在保存过程中温度和压力发生变化的问题，达到样品从采样保存到上船后样品的压力温度始终与采样处一致。

样品转移处理技术主要是样品转移装置的研制，旨在保证样品从采样器转移到实验装置的过程中保温保压，需要研制一种小型岩芯保真转移装置，解决小型岩芯样品在转移过程压力温度变化较大的问题，达到小型岩芯样品在转移过程中压力和温度保持不变。

(6)深海岩芯采样系统

针对海底岩芯采样在取芯技术、保真技术和转移处理技术方面的不足，借鉴和吸收国内外研究成果的基础上，需要研究一种海底岩芯保真采样系统，突破深海超长取芯技术和样品转移等关键技术，解决海底岩芯钻进深度低、取芯率低、钻机对各种海底环境适应性差和岩芯样品转移过程中压力温度变化较大的问题，形成一种海底岩芯保真钻机装置，达到钻进深度高、取芯率高和能够适应海底各种环境的指标。其中该系统包括海底岩芯采样的采样技术、保真技术和岩芯样品转移处理技术。

深海岩芯采样技术主要是岩芯钻机装置的研制，包括钻机的取芯技术和驱动机构的研究，旨在提高岩芯采样装置的作业效率、钻进深度和岩芯样品的质量，需要研制一种体积轻便、自动化高的高效率岩芯采样装置，解决钻进深度有限、作业效率低、岩芯质量差的问题，达到在深海里能够高效、稳定的采集到高质量的岩芯样品。

深海岩芯保真技术主要是海底岩芯样品的原位保温保压技术的研究，旨在提高保真装置的原位保温保压性能，需要研制一种岩芯高保真装置，解决岩芯样品在保存转移的过程中温度压力和原位不一致的问题，达到岩芯样品从采样保存到转移到船上的过程中温度和压力与采样处一致，岩芯样品始终处于无损状态。

样品转移技术主要是样品转移装置的研制，旨在提高样品从采样器转移到实验装置过程中的保温保压性能，需要研制一种岩芯保真转移装置，解决样品转移过程中压力温度发生变化的问题，达到岩芯样品从采样器转移到实验装置过程中压力和温度保持不变。

(7)可视控多功能多管采样器

基于普通多管采样器的无扰动采样原理，需要增加水下可视和液压贯入的方式，使得多管采样器可进行可视可控的精细地质采样。

(8)可视控重力活塞柱状采样器

为提高重力活塞柱状采样器准确投放的实用结果，需要研究采用带视觉观察和可控释放机构的远程可控导航拖架，作为常规重力活塞柱状采样器的载体投放平台，来进行定点精细采样。

(9)可视控箱式采样器

在原箱式采样器研造的基础上，吸取实用技术，重新进行结构设计，增加可视系统，对采样环境及采样结果均能视觉观察；设计恒静压可控贯入机构，减少对沉积物扰动，提高采样效率。

针对原位监测、探测各类参数，获取高精度物理、化学参数的需要，需要重点开发基于激光光学、光纤光学和光谱学等新技术新方法的深海在线探测传感器和仪器系统。

(1)深海光谱光学成像探测系统

针对深海海底原位生物、化学物质探测分析需要，利用现有高光谱成像传感器，解决防水、耐压和窗口结构等深海环境适应关键技术，开发集成适合深海环境应用的高稳定性、自容的高光谱成像系统。根据所探测环境，逐步完善目标物质的光谱反射率基板，并逐步建立光谱库。

(2)多参数化学传感器

研制可用于深海原位监测的化学传感器，实现深海甲烷、硫化氢、氢气和溶解态铁、锰、硫化物的原位传感器，获取高密度、长时间序列的数据，可为我国深海科学考察和研究提供技术支撑。

(3)海底放射性探测传感器

利用成熟的闪烁体探测器，需要解决深海防水、耐压、数据传输等深海环境适应关键技术，集成开发适合深海环境应用的高稳定性的闪烁体放射性探测传感器。

(4)热流计

针对深海热流调查研究的需要，开展宽量程高精度、高稳定性自容式深海温度测量技术研究，开展深海热流传感器温度梯度、热导率测量技术、热流传感器标定技术、系统集成技术和设备耐压封装技术研究，开发深海原位热流计。

## 6.3　应用实施建议——深海采矿环境监测技术体系构建

### 1. 生态环境监测目标任务

深海采矿环境影响研究应实现两个目标：更好地认识深海生态系统，实现可靠地预测潜在的影响；探明工业化采矿活动在生物多样性、生物量以及功能关系等方面造成的生态系统结构变化。

深海采矿环境影响因素是综合的多方面,比较大的影响主要包括底层物质移除,沉积物羽流,尤其尾矿排放羽流的产生扩散及其造成生境变化。由于传播扩散的路径最短,尾矿海底排放可能对生态环境的影响最小,环境调查研究主要任务可基于海底排放开展系统全面调查监测研究,在此基础上针对排放水层的不同增加调查监测研究任务。

靠近海底排放。应研究海洋哺乳动物出现情况及其背景噪声,不同层深浮游动物组成、丰度和生物量,底边界层浮游生物组成丰度和生物量,底边界层以及近底游泳动物的组成、丰度和总量。通过研究鱼类和大型无脊椎动物胃容物监测研究受影响水层的食物网变化,采用原位实验研究生物群落的新陈代谢以及颗粒物浓度增加后对滤食生物的影响,原位实验研究不同营养等级物种有毒物质影响。

光合作用带以下排放。还需要在选择多个站位,按深度评估本层以及下层一直到海底水体的浮游生物组成、丰度和生物量(若水体出现垂直对流,上层水体也应该考虑)。

按深度评估本层以及下层一直到海底水体的弱泳生物和游泳生物组成、丰度和生物量。若中深层(暮光层)受到影响,昼夜垂直迁移(DVM)生物的影响需要研究,如出现贫氧层,须特别重视。

光合作用带排放。还需要调查浮游植物大小、种类组成,按深度分层评估光合作用带浮游生物、弱泳生物和游泳生物组成、丰度和生物量时,需要考虑垂直迁移生物的影响。

多金属硫化物区和富钴结壳区的复杂地形使近底生物群落的环境影响评估尤其困难。尤其海山区,生物栖息地随深度变化剧烈,微地形地貌与海流的相互作用使得海流形式更加复杂,导致了深海生物群落时空变化较高,铁锰结壳矿及其开采产生羽流可能位于垂直迁移生物范围内,并且会影响到表层环境,需要特别关注。

**2. 环境监测研究技术需求**

(1)环境监测调查方法

深海采矿活动及其对环境的干扰是动态的、复杂的、多方面的具有系统性、耦合性,需要科学的监测调查方法,主要包括几个方面:

调查监测任务的时序或流程,采矿试验和环境监测研究之前应首先开展环境基线调查,采矿扰动试验开展后应立即开展扰动监测和影响评估,然后不间断地定期开展研究。

监测采样网格设计,应能代表采矿站位的生物和非生物特征,采矿作业和排放羽流至少包括高、中、低几个颗粒物浓度地点,要有一个以上的影响区域以外的参考站位。

样品数据要求,每个站位必须有足够数量的样品和数据,以保证统计分析结果的质量,尽可能完成多次重复测量以了解自然地时间变化,在生物调查采样的同时,完成水体物理化学剖面等环境属性的测量 。

监测时间要求,具有季节性变化特征的,需要长期监测,应覆盖一个以上变化周期,如一年以上,监测垂直迁移生物需要昼夜分别观测。

(2)装备技术

深海采矿环境监测研究,需要获取高质量环境样品和数据,高度依赖深海装备技术。一般情况下,不同作业任务需要不同的技术装备支持,包括运载装备、固定观测装备、监测调查仪器以及小型采样装置。

水体、底边界层和近底游泳动物的组成、丰度和生物量调查监测,需要围网、声光系统、诱捕装置以及载人潜水器、ROV 或 AUV 等运载装备,搭载长期定时照相机和多频水听器的锚系或者 LANDER 系统；

水体及底边界层浮游生物组成丰度和生物量监测，需分层拖网、底表撬网或者 ROV 和成像系统调查；

按深度分层评估光合作用带浮游生物、弱泳生物和游泳生物组成、丰度和生物量时，需要分层拖网、摄像系统，如视频浮游生物记录器、水下摄像剖面仪等，多频水听器等；

在海底形貌极端复杂的站位和活动热液喷口开展调查研究，靠近海底的生物群落应使用配置拖网和成像系统的载人潜水器、ROV 或者 AUV 开展调查研究，如果丰度极高，可采用泵类设备。小型网具、声光系统、诱捕装置、小型撬铲均可以使用；

考虑到海山区和热液区生物群落的时空变化特征，需要采用声光锚系系统进行长期观测；羽流跟踪和大面积环境参数监测，可采用水下滑翔机或 AUV 等运载装备；

原位实验研究生物群落的新陈代谢以及颗粒物浓度增加后对滤食生物的影响，需要搭载声光观测系统的锚系或者 LANDER 系统；原位实验研究不同营养等级的物种有毒物质影响。需要搭载声光观测系统的锚系或者 LANDER 系统；

(3)仿真模拟技术

深海采矿，尤其进入工业化开采阶段，环境影响范围大，机理复杂。仅靠现场调查采样研究，无论从人力物力投入还是科学认识本身，都难以实现可靠地评估。模拟实验技术是不可或缺的重要技术手段，并且取得了一系列的研究成果。仿真模拟实验技术包括物理模型实验和数值模拟计算等两类。

利用物理模型试验，可开展新型采矿装备海底采矿作业与海底底质环境的相互作用研究，如底流作用下，海盆、海山、洋中脊等不同地质环境，不同采矿装备，不同作业方式下，作业沉积物羽流的产生动态特征模型研究。

利用数值模拟仿真，可开展沉积物羽流，包括作业羽流及尾矿排放羽流，在水动力环境下的运移研究，包括不同底质，不同微地形地貌下采矿作业羽流的运移，不同深度尾矿排放羽流的运移，涡旋、湍流对沉积物羽流的影响等。

### 3. 技术体系构架

深海采矿对深海大洋生态环境的影响是深远的、多方面的、复杂的，其监测评估系应满足不同矿种、不同海域、不同规模海底采矿活动对环境产生的影响，环境影响监测的技术体系应具备多目标、多维度、多层级、多手段、多学科，全开放、全链条、全天候，陆海一体、软硬一体等基本特征。

多目标：技术体系以监测深海采矿活动对海洋生态环境影响为主，解决深海生物，尤其底栖生物群落结构变化、多样性和生物量的影响，同时监测深海采矿活动对目前以出现的海洋酸化、暖化等现象及其对全球气候的可能影响。对于具体采矿活动的影响，即可以监测多金属结核采矿活动的环境影响，也可实现富钴结壳、多金属硫化物甚至稀土和多金属软泥等矿产开采活动的影响；即监测生态环境影响，又可监测可能出现的局部生态和地质灾害。

多维度：时间上既满足采矿前环境基线的调查研究需要，又可满足采矿活动环境干扰的动态全过程，并在采矿扰动产生后可长时间监测其变化；在空间上从海底沉积物层到底边界层，1 000 m 以深深海，1 000 m 到 200 m 暮光层直至 200 m 以浅光合作用带可实现全面原位监测。

多层级：作为技术体系，应包括多个层级。技术体系构建首先应以环境监测技术需求为导向，监测的技术方法，包括技术规范规程，以及标准是监测技术体系的顶层；深海调查监测高度依赖技术装备，技术装备是技术体系的核心层，技术装备同样应成体系构建，除科考船外，包括 MUV、ROV、AUV、水下滑翔机、着落器等水下运载装备，声学、光学拖体，潜标、锚系等固定观测装备、各类物理化学传感器以及甲板和室内分析测试仪器；数据分析处理层，包括各类数据处理软硬件、数值技术与仿真软硬件平台等；试验验证层，包括物理模型试验系统、深海采矿原位试验场，如图 6.1 所示。

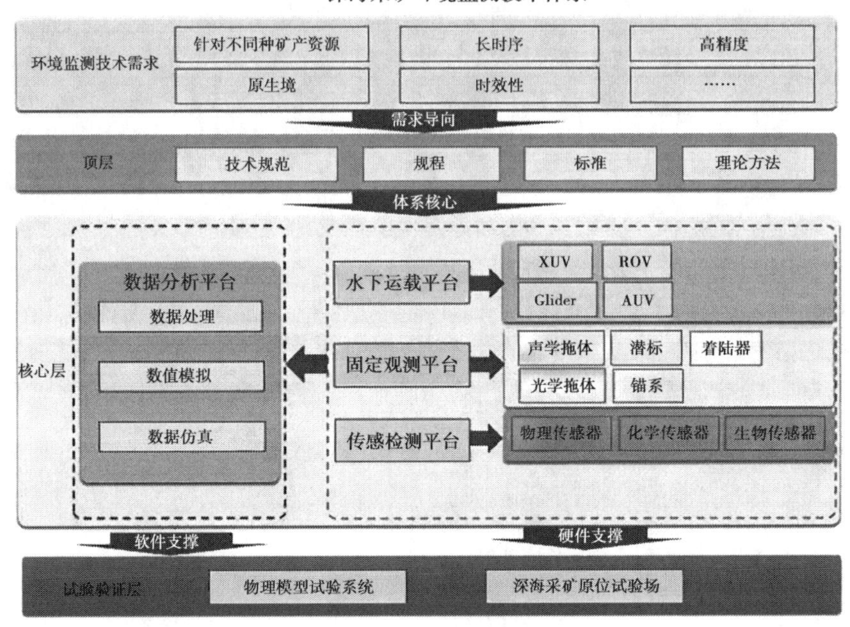


**图 6.1　深海采矿环境监测技术体系**

多手段：技术体系采用多种技术手段，在监测研究实施层面包括长期原位监测、分阶段走航调查、陆上模拟实验和大数据分析处理以及仿真计算等；在采用的技术方法方面包括声、光、电磁等手段。

多学科：调查技术方法涉及生物生态、海洋地质、物理海洋、地球物理等多个学科，技术装备研发同样涉及材料、结构、控制、通信、传感检测等多个学科。

全开放：技术体系的全开放性表现在两个方面，从应用方面要向海洋环境监测各个领域开放，从体系构建方面要实现结构开放，不断跟随技术进步丰富和完善技术体系的架构，不断增加新的技术手段。

全链条：监测体系的全链条指从采矿环境干扰信息的提取，到不同时空环境影响样品和数据的获取，到分析测试研究，再到试验验证一体化全链条。

全天候：监测技术体系满足监测活动的时限要求，既可以长期稳定工作，又可以解决应急监测需要。

陆海一体：海上调查监测与陆上分析测试、仿真模拟一体化。

软硬一体：监测的技术方法、数据分析处理方法、仿真计算和模拟实验等软技术和重大装备和原位精密传感器以及甲板和室内测试仪器等硬件一体化。

# 6.4 装备保障条件及平台保障支撑

### 1. 装备保障条件

“十二五”期间，我国已研制成功一大批深海运载装备，其中以7 000 m级“蛟龙”号HOV、6 000 m级“潜龙”号ROV、4 500 m级“海龙”号AUV为代表的系列深海运载装备取得了重大成功，7 000 m级“蛟龙”号HOV于2012年成功下潜7 062 m，使我国成为继美、法、俄、日之后世界上第5个掌握大深度载人深潜技术的国家，逐步形成了“三龙”（“蛟龙”系列HOV、“海龙”系列ROV、“潜龙”系列AUV）体系装备系统。

“三龙”系列体系装备系统，是我国自行设计、自主集成、具有自主知识产权、在深海勘查领域应用最广泛的深海运载器。这三类深海运载器在调查作业模式方面各有特点，在应用领域方面各有所长。其中由国家科技部立项、中船重工702研究所牵头研制的“蛟龙”号HOV，是全球下潜深度最大的作业型深海运载器。自2013年试验性应用以来，我国南海、东北太平洋、西北太平洋和西南印度洋，都留有它的身影，作业覆盖深海海沟、海盆、洋中脊等典型区域，在载人深海勘查与精细作业采样方面有独到优势；我国第二台深海HOV，4 500 m级“深海勇士”号HOV也已完成南海海试并成功交付使用，万米载人深潜器也在研制当中；3 500 m级“海龙二”号由中国大洋协会立项、上海交通大学牵头研制，主要用于深海热液硫化物、生物与环境等深海勘探与科学调查，在大洋21航次中创造了我国首次自主发现并精细监测深海黑烟囱的纪录，6 000 m级“海龙三”号ROV于2017年底进行海试；6 000 m级“潜龙一”号由中国大洋协会立项、中国科学院沈阳自动化研究所研制，以海底多金属结核资源调查为主要目的，可进行海底地形地貌、地质结构、海底流场、海洋环境参数等精细调查，其作业深度、续航能力、作业精度等在同类装备中处于国际先进水平，4 500 m级“潜龙二”号AUV和“潜龙三”号AUV分别于日前完成技术升级改造和湖试，为中国的深海科学考察提供了有力支撑。

### 2. 运行维护平台保障支撑

为确保装备在应用中发挥最大功用，以国家深海基地为代表的深海保障体系应运而生，连续组织实施了大洋31、35、37、38、“蛟龙”号试验性应用航次，积累了丰富的航次组织经验，建立了一整套科学丰富的重大装备海上试验与运行保障管理机制，并在国家各部委各单位的支持下于2017年2月在国家深海基地管理中心实现了“三龙聚首”，围绕“三龙”系列深海运载装备业务化运行能力建设，按照国家深海基地管理中心与中国船舶第702研究所、上海交通大学、沈阳自动化研究所签订的战略合作协议，开展了面向三大深海运载装备系统的运行制度、人员队伍、支撑条件和应用能力初步建设工作，今后将逐渐探索出一套安全、高效、开放、共享的深海运载装备业务化运行机制，构建“三龙”系列深海运载装备协同作业模式，可以为深海运载装备体系化建设提供应用平台保障。

依托国家深海基地建成的现代化的潜水器维护与总装车间、机电加工车间、大型试验检测水池、消声水池实验室、深海超高压环境模拟实验室、试验辅助船、海上试验场和先进的科学考察船码头，为“三龙”及其他深海装备的业务化应用创造了一流的基础条件，打造了全链条式的深海高技术支撑保障平台，同时加强了人才的引进和培养，正逐步培育为适应于“三龙”日常维护和海上实际操作应用的职业化深海工程技术保障队伍，可有力推动我国深潜科学家队伍的壮大。

另外，“蛟龙”号 HOV 新母船已经建造完成投入使用，新母船将不仅作为“蛟龙”号的母船，还可作为“海龙”系列 ROV 和“潜龙”系列 AUV 的母船，真正发挥“三龙”系列各自的技术优势，实现“三龙”的同船协同作业，可以为我国深海观测监测装备研发提供有力的海试保障。

# 参 考 文 献

[1]TORBEN WOLFF. The hadal community, an introduction[J]. Deep Sea Research,1959,6(12):95 - 124.

[2]朱心科,金翔龙,陶春辉,等. 海洋探测技术与装备发展探讨[J]. 机器人,2013,35(3):376 - 384.

[3]RUSSELL B W,VEERLE A I,HUVENNE,et al. Autonomous underwater vehicles (AUVs): Their past, present and future contributions to the advancement of marine geoscience[J]. Marine Geology,2014,352(12):451 - 468.

[4]LIU F. Jiaolong manned submersible: a decade's retrospect from 2002 to 2012[J]. Marine Technology Society Journal,2014,48(3):7 - 16.

[5]ERIKSEN C C,OSSE T J,LIGHT R D,et al. Seaglider: a long - range autonomous underwater vehicle for oceanographic research[J]. IEEE Journal of Oceanic Engineering,2001,26(4):424 - 436.

[6]莫杰,肖菲. 深海探测技术的发展[J]. 科学,2012,64(5):11 - 15.

[7]BOWEN A D,YOERGER D R,TAYLOR C,et al. The nereus hybrid uunderwater robotic vehicle[J]. Underwater Technology,2009,28( 3):79 - 89.

[8]TAKAGAWA S,TAKAHASHI K,SANE T,et al. 6 500 m deep manned research submersible "SHINKAI 6500" system[J]. OCEANS,1989,3(12):741 - 746.

[9]SAGALEVITCH A M. 25th anniversary of the deep manned submersibles mir - 1 and mir - 2 [J]. Oceanology,2012,52(06):817 - 830.

[10]李硕,唐元贵,黄琰,等. 深海技术装备研制现状与展望[J]. 中国科学院院刊,2016,31(12):1316 - 1325.

[11]HEIRTZLER J R,GRASSLE J F. Deep - Sea research by manned submersibles[J]. science magazine,1976,194(4262):294 - 299.

[12]DEREK A P. Cooperative control of collective motion for ocean sampling with autonomous vehicles[D]. Princeton,NJ,USA:Princeton University Press,2007.

[13] DEYI Y, SUPING P. Status and progress on the multicomponent seismic prospecting technology[J]. Coal Geology of China,2003. 15(1):51 - 57.

[14]TAYLOR L,LAWSON T. Project deep search: an innovative solution for accessing the oceans [J]. Marine Technology Society Journal,2009,43( 5):169 - 177.

[15]HAWKES G. The old arguments of manned versus un - manned systems are about to become irrelevant: new technologies are game changers[J]. Marine Technology Society Journal, 2009,43( 5):164 - 168.

[16]金翔龙. 海洋地球物理研究与海底探测声学技术的发展[J]. 地球物理学进展,2007,22(4):1243 - 1249.

[17] MOREL A, MARITORENA S. Bio - opticalproperties of oceanic waters: a reappraisal[J]. Journal of Geophysical Research: Oceans, 2001, 106(C4): 7163 - 7180.

[18] KOHNEN W. Manned research submersibles: state of technology 2004/2005 [J]. Marine Technology Society Journal, 2005, 39(3): 122 - 127.

[19] KOHNEN W. Manned submersible technology - opening the ocean to scientific study[C]. Oceans conference, 2003: 2682 - 2685.

[20] KIMIAKI K. Overseas trends in the development of human occupied deep submersibles and a proposal for japan ' s way to take [J]. Science & Technology Trends. 2008, 7 (26): 104 - 123.

[21] STANSFIELD K, SMEED D A, GASPARINI G P, et al. Deep - sea, high - resolution, hydrography and current measurements using an autonomous underwater vehicle: The overflow from the strait of sicily [J]. Geophysical Research Letters, 2001, 28 (13): 2645 - 2648.

[22] Li H, MANJUNATH B S, MITRA S K. Multisensor image fusion using the wavelet transform [C]//International Conference on Image Processing. IEEE, 2002: 51 - 55.

[23] 朱继懋, 徐德胜. 7103 深潜救生艇论文集[G]. 上海交通大学出版社, 1984.

[24] 任玉刚, 刘保华, 丁忠军, 等. 载人潜水器发展现状及趋势[J]. 海洋技术学报, 2018, 37 (02): 117 - 125.

[25] 徐芑南, 张海燕. 蛟龙号载人潜水器的研制及应用[J]. 科学, 2014, 66(002): 11 - 13.

[26] 沈赫. "深海勇士"号载人潜水器正式交付[J]. 中国设备工程, 2017(24): 4.

[27] 于爽, 胡勇, 王芳, 等. 全海深载人潜水器舱门启闭机构研究[J]. 机械设计与研究, 2017, 33; No. 172(06): 59 - 62.

[28] 田烈余, 盛堰. 基于"海马"号 ROV 富钴结壳的钻取技术研究[J]. 机电工程技术, 2015, 44(11): 13 - 15.

[29] 庄亚锋, 蔡长松, 苗春生, 等. 1000 m 级/75 kW 水下机器人故障分析与诊断[J]. 机械工程师, 2013(04): 103 - 105.

[30] 许广清. 8A4 水下机器人控制系统[J]. 船舶工程, 1997(3): 42 - 45.

[31] 林落. "海斗": 开启中国深潜"万米时代"[J]. 科学新闻, 2017(01): 36 - 37.

[32] 葛彤. 作业型无人遥控潜水器深海应用与关键技术[J]. 工程研究 - 跨学科视野中的工程, 2016, 8(02): 192 - 200.

[33] 刘建成, 万磊, 戴捷, 等. 水下机器人推力器容错控制技术的研究[J]. 机器人, 2003 (02): 163 - 166.

[34] 武建国, 石凯, 刘健, 等. "潜龙一"号浮力调节系统开发及试验研究[J]. 海洋技术, 2014, 033(005): 1 - 7.

[35] 吴涛, 陶春辉, 张金辉, 等. "潜龙二"号自主水下机器人热液探测系统[J]. 海洋学报 (中文版), 2018, 38(3): 159 - 165.

[36] 林子淇. 水下机器人动力学建模与系统辨识技术研究[D]. 哈尔滨: 哈尔滨工程大学, 2015.

[37] 羊云石, 顾海东. AUV 水下对接技术发展现状[J]. 声学与电子工程, 2013, (2): 43 - 46.

[38]张丽瑛,张兆德. 海洋科学考察船的现状与发展趋势[J]. 船海工程,2010,39(4):60-63.

[39]倪其军,李胜忠,侯小军."探索一"号科考船改造的创新性设计及验证[G]. 北京造船工程学会2016—2017年学术论文集. 北京造船工程学会,2018:54-60.

[40]易杏甫,曹海林,顾海东. 用于海洋多参数剖面测量的拖曳系统[J]. 舰船科学技术,2004(04):34-37.

[41]陈俊,张奇峰,李俊,等. 深渊着陆器技术研究及马里亚纳海沟科考应用[J]. 海洋技术学报,2017(01):66-72.

[42]关毅."彩虹鱼"水下定位系统首次测出万米深海底坐标[J]. 自然杂志,2019,41(01):23.

[43]留籍援,黄财宾,陈坚. 大容量海水采水器的研制[J]. 台湾海峡,2006,25(1):139-142.

[44]王欣. CTD电控多瓶采水器中电磁式释放机构设计与试验[J]. 海洋技术学报,2003(2):55-58.

[45]张晓曦,尹勇."蛟龙"号机械手水下作业的交互仿真设计[J]. 船海工程,2018,47(05):111-115.

[46]杨磊,丁忠军,李德威,等. 基于"蛟龙"号的深海小型岩芯原位采样装置[J]. 海洋技术学报,2014(01):121-126.

[47]万步炎,黄筱军. 深海浅地层岩芯采样钻机的研制[J]. 矿业研究与开发,2006,(S1):49-51.

[48]朱伟亚,万步炎,黄筱军,等. 深海底中深孔岩芯采样钻机的研制[J]. 中国工程机械学报,2016(01):38-43.

[49]SHI X,REN Y,TANG J,et al. Working tools study for Jiaolong manned submersible[J]. Marine Technology Society journal,2019,53(2):56-64.

[50]曹辉进. 自主式水下航行器建模和运动控制仿真的研究[D]. 天津:天津大学,2004.

[51]王丽荣,甘永,徐玉如,等. 滑模观测器在水下机器人推力器故障诊断中的应用[J]. 哈尔滨工程大学学报,2005,26(4):1.

[52]吴丙伟. 浅水观察级ROV结构设计与仿真[D]. 青岛:中国海洋大学,2013.

[53]沈晓玲. 深海拖曳系统动力学分析研究[D]. 上海:上海交通大学,2011.

[54]齐海滨,李德威,刘保华,等. 载人潜水器运行管理机制探析[J]. 海洋开发与管理,2019,36(7):3-7.

[55]李志伟,马岭,崔维成. 小型载人潜水器的发展现状和展望[J]. 中国造船,2012,53(3):244-248.

[56]夏玉玺. 基于图像Mosaics技术的ROV导航研究[D]. 哈尔滨:哈尔滨工程大学,2008.

[57]张宏伟. 可着陆水下自航行器系统设计与动力学行为研究[D]. 天津:天津大学,2007.

[58]王啸. 基于自适应鲁棒算法的开架ROV悬停姿态控制研究[D]. 青岛:中国海洋大学,2014.

[59]朱大奇,余剑. Seamor 300水下机器人的通信与控制系统[J]. 系统仿真技术,2012,8(1):46-50.

[60]ANONYMOUS. ECA robotics delivers ROV to the french navy[J]. Ocean News &

Technology,2014,20(7):15 -20.

[61] ANONYMOUS. Falkor explores Mid - Cayman rise using nereus hybrid ROV[J]. Sea Technology,2013,54(10):23 -26 .

[62]江晋剑. 图像识别技术在水下机器人手爪感知系统中的应用研究[D]. 合肥:安徽农业大学,2005.

[63]迟迎. ROV 作业视景仿真技术研究[D]. 哈尔滨:哈尔滨工程大学,2013.

[64]李岳明. 多功能水下机器人运动控制[D]. 哈尔滨:哈尔滨工程大学,2008.

[65]李硕,刘健,徐会希,等. 我国深海自主水下机器人的研究现状[J]. 中国科学:信息科学,2018,48(9):1152 -1164.

[66]CHRISTOPHER R,DANA R,MICHAEL JAKUBA,et al. Hydrothermal exploration with the autonomous benthic explorer[J]. Deep - Sea Research Part I,2007,55(2):203 -219.

[67]潘光,宋保维,黄桥高,等. 水下无人系统发展现状及其关键技术[J]. 水下无人系统学报,2017,25(2):44 -51.

[68]张云海,汪东平. 海洋环境移动平台观测技术发展趋势分析[J]. 海洋技术学报,2015,34(3):26 -32.

[69]徐昊. 河流水下自主航行器系统设计及运动仿真[D]. 哈尔滨:哈尔滨工程大学,2017.

[70]黄红飞. 美国海军对应用于战场准备自主水下航行体(BPAUV)上锂离子电池的安全性试验[J]. 水雷战与舰船防护,2011,19(2):66 -70.

[71] GRIFFITHS, GWYN, MCPHAIL, et al. AUVs for depth and distance: autosub 6000 and autosub long range[J]. Sea Technology,2011,52(12):27 -30.

[72]华钟祥. 无人水下航行器与操雷[J]. 舰船科学技术,2004,26(6):64 -66.

[73]丁忠军,李德威,周宁,等. 载人深潜器支持母船发展现状与思考[J]. 船舶工程,2012,34(4):7 -9.

[74]李宝钢,丁忠军,周宁,等. 载人潜水器母船发展现状及设计分析[J]. 船舶工程,2016,38(7):1 -5.

[75]程斐,陈建平,张良. 日本海洋科学技术中心技术发展现状[J]. 海洋工程,2002,(1):98 -102.

[76]雷波. 国际新一代海洋综合调查船的建设和管理特点[J]. 海洋技术,1999,18(3):3 -5.

[77]李浩. 第三代全海深载人潜水器阻力性能及载人舱结构研究[D]. 北京:中国舰船研究院,2014.

[78]付薇. 水下航行器拖曳系统运动仿真研究[D]. 北京:中国舰船研究院,2015.

[79]方子帆,贺青松,向兵飞,等. 低张力缆索有限元模型及其应用[J]. 工程力学,2013,30(3):445 -450.

[80]裴轶群. 深海拖曳系统运动性能分析与定高控制研究[D]. 上海:上海交通大学,2011.

[81]梁春江,岳鹏. 基于深海作业设备 C3D - SBP 的升级改造与工程应用[J]. 科技创新导报,2015,12(6):8 -11.

[82]STEW ART E,HARRIS,ROBERT D. Argo: capabilities for deep ocean exploration[R]. Woods Hole Oceanograhic Institution,1986.

[83]王军立. 基于 CSEM 的水下拖曳系统的设计及水动力学研究[D]. 青岛:中国海洋大

学,2015.
[84]黄向青,陈太浩,梁开.海洋水下起伏式拖体 U - TOW 的技术特点及应用[J].海洋技术,2005,24(3):25 - 29.
[85]连琏,王道炎,王玉娟.深海观测系统脐带缆形态分析及计算[J].海洋工程,2001,19(1):65 - 69.
[86]连琏,郭春辉.三维空间水下缆索性状计算初值问题的解[J].海洋工程,1992,10(2):88 - 94.
[87]王希晨,周学军.海底观测平台应用技术研究[J].光通信技术,2013,37(11):13 - 16.
[88]王涛.深海着陆器设计及力学特性研究[D].镇江:江苏科技大学,2019.
[89]SMITH K L,CLIFFORD C H. A free vehicle for measuring enthic community metabolism [J]. limnology & Oceanography,1976,21(1):164 - 170.
[90]SMITH K L,WHITE G A,LAVER M B,et al. Free vehicle capture of abyssopelagic animals [J]. Deep Sea Research Part A Oceanographic Research Papers,1979,26(1):57 - 64.
[91] HINGA K R, SIEBURTH D J M. Enclosed chambers for the convenient reverse flow concentration and selective filtration of particles[J]. Limnology & oceanography, 1979, 24 (3):536 - 540.
[92]THOMSEN L, GRAF G, MARTENS V, et al. An instrument for sampling water from the benthic boundary layer[J]. Continental Shelf Research,1994,14(7):871 - 882.
[93] TENGBERG A. Benthic chamber and profiling landers in oceanography - A review of design, technical solutions and functioning [J]. Progress in Oceanography, 1995, 35 (3):253 - 294.
[94]BLACK K S, FONES G R, PEPPE O C, et al. An autonomous benthic lander: preliminary observations from the UK BENBO thematic programme[J]. Continental Shelf Research, 2001,21(8):859 - 877.
[95]JAMIESON A J, BAGLEY P M. Biodiversity survey techniques: ROBIO and DOBO landers [J]. Sea Technology,2005,46(1):52 - 54.
[96]黄豪彩.深海气密采水系统设计及其海试[D].杭州:浙江大学,2010.
[97]JOHN M, EDMOND, GARY MASSITH, et al. Submersible - deployed samplers for axial vent waters [J]. RIDGE Events,1992,3 (1):23 - 24.
[98]Ishibashi J, Sano Y, Wakita H, et al. Helium and carbon geochemistry of hydrothermal fuids from the Mid - Okinawa Trough Back Are Basin, southwest of Japan [J]. Chemical Geology, 1995,10(4):1 - 15.
[99]SAEGUSA S, TSUNOGAL U, NAKAGAWA F, et al. Development of a multibortle gas - tight luid sampler WHATS II for Japanese submersibles/ROVs [J]. Geofluids,2006,6(3):234 - 240.
[100] VON DAMM, EDMOND M, GRANT B, et al. Chemistry of submersible hydrothermal solutions at 21°N, East Pacific Rise. [J]. Geochimica et Cosmochimica Acta, 1985, 49: 2197 - 2220.
[101] EDMOND J, MASSOTH M. Submersible deployed samplers for axial vent waters[J]. RIDGE Events,1992,3(1):23 - 24.

[102]NAGANUMA T,KYO M,UEKI T,et al. A new,automatic hydrothermal fuid sampler using a shape - memory alloy[J]. Journal of Oceanography,1998,54(3):241 -246.

[103]MALAHOFF A,GREGORY T,BOSSUYT A,et al. A seamless system for the collection and cultivation of extremophiles from deep - ocean hydrothermal vents[J]. IEEE Jourmal of Oceanic Engincering,2002,27:862 -869.

[104]PHILLIPS H,WELLS L,JOHNSON II,et al. Laredo:a new instrument for sampling and in situ incubation of deep - sea hydrothermal vent fluids[J]. Deep - sea Research1,2003,50(10):1375 -1387.

[105]TAYLOR C D,DOHERTY K W,MOLYEAX S J,et al. Autonomous microbial sampler (AMS),a device for the uncontaminated collection of multiple microbial samples from submarine hydrothermal vents and other aquatic environments[J]. Deep - Sea Research I. 2006,53(5):894 -916.

[106] BEHAR A,MATTHEWS J,VENKATESWARAN K,et al. A deep sea hydrothermal vent bio - sampler for large volume in - situ filtration of hydrothermal vent fluids[J]. Cahiers De Biologie Marine,2006,47(4):443 -447.

[107]SAEAEGUSA S,TSUNOGAI U,NAKAGAWA F,et al. Development of a multibottle gas - lightfluid sampler WHATS Ⅱ for Japanese submersibles/ROVs[J]. Geofuids. 2006,6(5):234 -240.

[108]JANNASCH H,PLANT J N,KASTNER M,et al. Continuous chemical monitoring with osmotically pumped water samplers:OsmoSampler design and applications[J]. Limnology and Oceanography:Methods,2004,2(4):102 -113.

[109]STORMNS M A. Ocean Drilling Program (ODP) deep sea coring techniques[J]. Marine Geophysical Researches,1990,12(1):109 -130.

[110]PETTIGREW T L. Design and operation of a wireline pressure core sampler (PCS)[J]. Techn. note/Ocean drilling progr,Texas A&M univ,1992,2:5 -8.

[111]李峰. 深海沉积物无扰动保压采样技术的研究[D]. 杭州:浙江大学,2008.

[112]SCHULTHEISS P J,FRANCIS T J G,HOLLAND M,et al. Pressure coring,logging and subsampling with the hyacinth system[J]. Geological Society London Special Publications,2006,267 (1):151 -163.

[113]黎永发. 深海沉积物采样器及其球阀关键技术的研究[D]. 杭州:浙江大学,2016.

[114]岳发强,朱永楷,胡宪铭. 海底采矿技术的研究与进展[J]. 黄金,2013,34(01):35 -37.

[115]秦华伟. 海底表层样品低扰动采样原理及保真技术研究[D]. 杭州:浙江大学,2005.

[116]SVEN P,PETER M H,THOMAS K. Shallow drilling of seafloor hydrothermal systems using the BGS rockdrill[J]. Marine Georesources and Geotechnology,2005,23(3):175 -193.

[117] KELLEHER P,SAMSURI N. Footings design for temporarily founded seabed drilling systems[A]. Proceedings of the Offshore Technology Conference[C]. Houston,U. S. A:the Offshore Technology Conference,2008:3109 -3120.

[118]FREUDENTHAL T,WEFER G. Scientific drilling with the sea floor drill rig meBo[J]. Scientific Drilling,2007,5(5):63 -66.

[119]戴瑜,刘少军,李流军,等. Nautilus 矿业公司在海底块状硫化物勘探中采用的采样技术与装备[J]. 海洋地质与第四纪地质,2008,28(04):141-146.

[120]吴世军. 深海热液保真采样机理及其实现技术研究[D]. 杭州:浙江大学,2009.

[121]杨磊,丁忠军,李德威,等. 深海原位取芯钻机作业机理分析及实验研究[J]. 海洋技术学报,2015,34(01):38-42.

[122]刘德顺,金永平,万步炎,等. 深海矿产资源岩芯探测采样技术与装备发展历程与趋势[J]. 中国机械工程,2014,25(23):3255-3265.

[123]DING K,SEYFRIED J. Direct pH measurement of NaCI - bearing fluid with an in situ sensor at 400 degrees C and 40 megapascals [J]. Science, 1996, 272 (5268): 1634-1636.

[124]曹志敏,安伟,于新生,等. 现代海底热液活动异常条件探测关键技术研究[J]. 高技术通信,2006,16(5):545-550.

[125]陈超. 应用于热液探测中的声学成像算法与实现[D]. 哈尔滨:哈尔滨工程大学,2016.

[126]杜立彬,李正宝,刘杰,等. 海底观测网络关键技术研究进展[J]. 山东科学,2014,27(01):1-8.

[127]PETITT R A J,HARRIS D W,WOODING B,et al. The hawai - 2 oservatory [J]. IEEE Journal of Oreanic Engineering. 2002,27(2):245-253.

[128] DELANEY JR, CHAVE A D. Neytune: A fiber - optic ´elecope´ to inner space [J]. Oeeanus - Woods hode mas,2000,42(1):10-11.

[129]PUILLAT I,PERSON R,LEVEQUE C,et al. Standardizatic propetive in esonet noe and a possible implementaticn on the tares site [J]. Nuclear Instruments and Methods in Physics Roearch Section A:Acederators,Spectrometers. Detectors and Assciated Equipment,2009,602(1):240-245.

[130]FAVALI P,BERANZOLI L. Emso:europa mulidiciplinary seadoe obeenatory[J]. Nurdear Instruments and Mthols in Physics Research Section A: Accderators, Spectromders, Detectors and Associated Equipment,2009,602(1):21-27.

[131] KENSUKE SUZUKI, MASARU NAKANO, NARUMI TAKAHASHI, et al. Synchronous changes in the seismicity rate and ocean - bottom hydrostatic pressures along the Nankai trough:A possible slow slip event detected by the Dense Oceanfloor Network system for Earthquakes and Tsunamis (DONET)[J]. Tectonophysics,2016,680:90-98.

[132]WEBB D C,SIMONETTI P J,JONES C P. Slocum: an underwater glider propelled by environmental energy[J]. IEEE Journal Of Oceanic Engineering,2001,26(4):447-452.

[133]SHERMAN J,DAVIS R E,OWENS W B,et al. The autonomous underwater glider "Spray" [J]. IEEE Journal Of Oceanic Engineering,2001,26(4):437-446.

[134]宋保维,孟祥尧. 一种混合动力水下滑翔机的操纵性研究[J]. 鱼雷技术,2012,20(5):326-330.

[135]王树新,王延辉,张大涛,等. 温差能驱动的水下滑翔器设计与实验研究[J]. 海洋技术学报,2006,25(1):1-5.

[136]王延辉,张宏伟,武建国. 新型温差能驱动水下滑翔器系统设计[J]. 船舶工程,2009,

31(3):51 -54.

[137]桑宏强,李灿,孙秀军. 波浪滑翔器纵向速度与波浪参数定量分析[J]. 鱼雷技术,2018,(01):16 -22.

[138]田宝强,李玲珑. 蹼翼型波浪滑翔机结构设计和运动原理分析[J]. 中国机械工程,2017,24.